JN219510
IMPRESS NextPublishing
CAEソフトCalculiX
深掘り実践入門
小南 秀彰 著
知られざるCalculiXの流体力学要素を徹底解説！
流体解析機能ガイド
GIJUTSU no IZUMI SERIES
POWERED by NEXTPUBLISHING
泉
技術の泉 SERIES
インプレス

目次

はじめに

本書は、オープンソース[1]のソフトウェアCalculiX[2]についての中級者向けの内容です。

CalculiXは有限要素法による汎用CAEシミュレーションソフトで、主に、応力解析、座屈解析、固有値解析などの固体力学の分野に使われています。固体力学の汎用CAEシミュレーションソフトには、鉄骨部材などを扱うための1Dのビーム要素が含まれていることが多く、CalculiXにも含まれています。1D要素には固体内の熱伝導に対応している要素もあります。

さきほど、CalculiXは主に固体力学分野のシミュレーションに使われていると書きました。しかし、一般的にはあまり知られてなく、使われている事例がほとんど見つかりませんが、CalculiXには流体力学の分野の有限要素もあります。

CalculiXに含まれている流体力学要素には、1Dネットワーク要素と3D流体要素があり、本書は3D流体要素のほうを扱っています。

本書は、CalculiXのパッケージに同梱されている基本テスト例題[3]から3D流体要素の例題を抜き出して、計算を実行した結果から、CalculiXのソルバーの入力ファイル(*.inp)に記載する表記を解説しています。

著者は、CAEとCFDの両方を行っていて、CFDは主にOpenFOAMを使っています。CalculiXのVer2.10の時のマニュアルで、3D流体要素があるのを知りましたが、『何やら不具合があり開発段階フェーズに戻るため3D流体要素は無効化した』という旨の記載がありました。それ以来、CalculiXの3D流体要素のことを忘れていましたが、ふとした気紛れで思い出して調べたところ使えるようになっていました。その調べた内容をまとめたのが本書です。

どうやら、Ver2.18の頃に再び3D流体要素が使えるようになった模様です。本書はVer2.21のWindows版で確認しています。これ以外のバージョンとOSで動作不具合があったとしても、お問い合わせには応じ兼ねます。

オープンソースとは

オープンソースは、本書で想定している読者にとり「無料で使用できるソフト」という理解で良いでしょう。オープンソースと総称していても使用ライセンスの内容は様々で、個人的な使用を認めていても業務での使用を認めていない場合があります。無料で使用できるソフトとして「フリーソフト」という呼称もあり厳密にはオープンソースと異なりますが、本書で想定している読者にとってはほとんど同じでしょう。

CalculiXとは

CalculiXは、有限要素法によるオープンソースのソフトウェアで、応力解析、座屈解析、固有値解析をはじめとしたエンジニアリングのための計算に使われています。ソルバーである「CalculiX

1. オープンソース (Wikipedia)https://ja.wikipedia.org/wiki/%E3%82%AA%E3%83%BC%E3%83%97%E3%83%B3%E3%82%BD%E3%83%BC%E3%82%B9
2.CalculiX 公式サイト https://www.calculix.de/
3. ファイルはccx_2.21.test.tar.bz2です。CalculiX 公式サイトよりダウンロードしてください。Available downloads for the solver (CalculiX CrunchiX: ccx):の test examplesです。https://www.dhondt.de/ccx_2.21.test.tar.bz2

CrunchiX（ccx）」、プリポストである「CalculiX GraphiX（cgx）」の2つのアプリケーションで構成されています。

想定する読者のレベル

本書が想定している読者に該当するか否かを判断するには、図1のフローチャートに従ってください。フローチャート中の分岐で記載されている内容についての詳細は下記です。

CalculiXのinpファイルが判る

必要に応じて自分でマニュアルを調べるなどして、CalculiXのソルバー(ccx)の入力ファイル(*.inp)の内容を理解できる人はYesへ進んでください。

FEMのCFDの経験がある

FEM(有限要素法)でのCFD(流体解析シミュレーション)ソフトを使った経験がある人はYseへ進んでください。市販の商用のCFDソフトのほとんどはFVM(有限体積法)です。

FVMのCFDの経験がある

FVM(有限体積法)でのCFD(流体解析シミュレーション)ソフトを使った経験がある人はYesへ進んでください。

FVMとFEMの違いが判る

FVM(有限体積法)でFEM(有限要素法)は、どちらも偏微分方程式の数値計算の手法ですが、離散化の仕方が異なります。その離散化の違いについて基礎的な知識を持っている人はYesへ進んでください。

図 1:

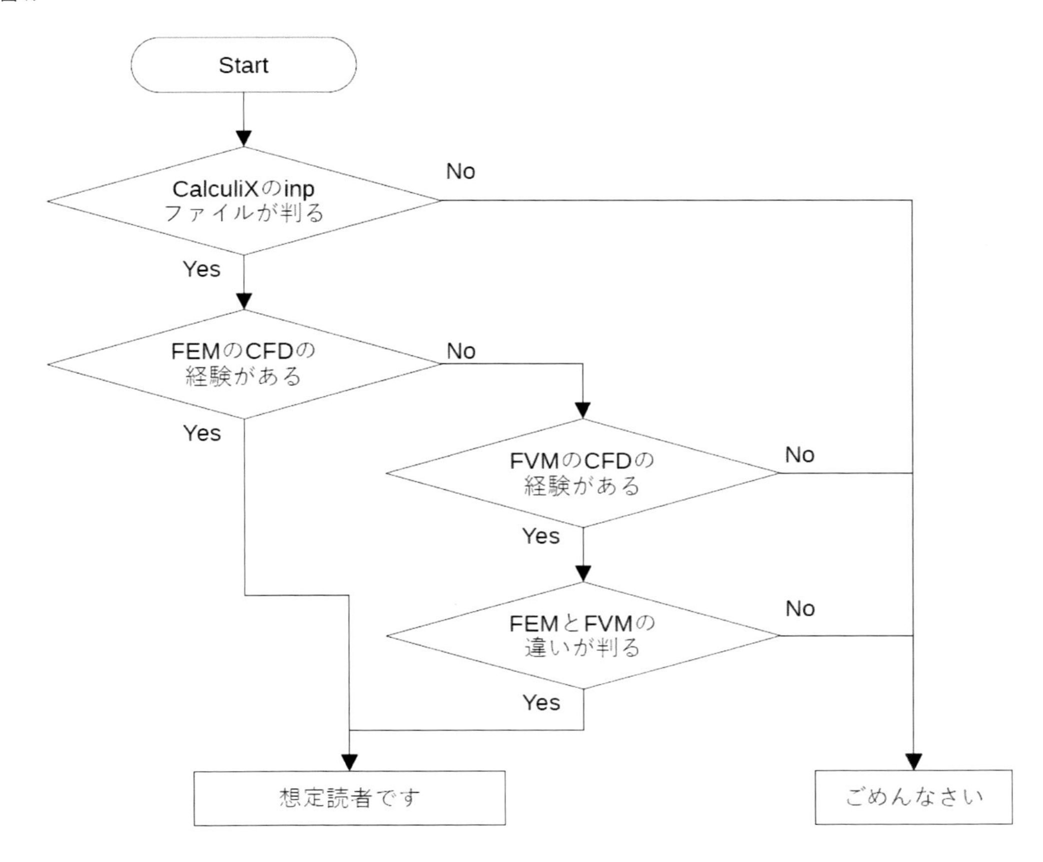

べき乗などの表記について

段組ソフトの仕様上の都合により、本文中に上付き文字や下付き文字を使用できません。本来ならば下付き文字を使用するのが適切な状況は、今回は発生していません。しかし、数値の指数表記や単位の表記という、本来ならば上付き文字でべき乗の表記が適切な場所があります。やむを得ず、下記の例のような表記をしています。

・10の3乗を10^3と、10のマイナス4乗を10^(-4)と記載します。

・単位の平方メートルをm^2と、立方メートルをm^3と記載します。

お問い合わせ先

本書に関するお問い合わせ：sagittarius.chiron.opencae@gmail.com

誤植等についてのお問い合わせには応じますが，本書で扱っていない内容の解析に関するお問い合わせは御遠慮ねがいます。

免責事項

本書に記載された内容は、情報の提供のみを目的としています。したがって、本書の内容を実行・適応・運用した結果にともなう責任は、それを実行・適応・運用した人に属し、著者と関係者には関係ありません。

本文中に記載されているURLは、執筆時点のものです。サイトの都合で変更される可能性があります。また、電子版ではURLにハイパーリンクが設定されていますが、端末やビューワーの種類およびリンク先のファイルタイプによっては表示されない場合があります。予めご了承ください。

商標

本書に登場するシステム名と製品名は、その関係会社の商標または商品名です。本書では、©、®、™ などののマークを省略しています。

第1章　オーバービュー

本章では、CalculiXの基本テストの中の3D流体要素の概要を記載します。

下記に示す13種類の解析ケースがあります。

表1.1: 解析ケースの一覧

番号	解析ケース	圧縮性	非圧縮性
1	cou2d	-	○
2	coucyl	-	○
3	coucylcent	-	○
4	coucylcent2	-	○
5	coucylcentcomp	○	-
6	coucylcomp	○	-
7	couette1	-	○
8	couette2	-	○
9	couette5	-	○
10	couseg	-	○
11	couseg2	-	○
12	couseg3	○	-
13	cousegcomp	○	-

これらの13種類の解析ケースのうち、*.inpファイル中の出力部分を修正しないと、計算結果のポスト表示ができないものがあります。

ポスト処理に使われるのが*.frdファイルです。*Node printでは*.frdファイルに出力されないため、*Node fileまたは*Node outputを使う必要があります。本書では、適時、*.inpファイルを修正してから、ソルバー計算を実行して、その結果をポスト表示しています。

13種類の解析ケースについて、この章ではメッシュと計算結果のみを示し、次の章から順に詳細を説明します。解析ケースは互いに似ていて内容に重複があります。そのため順番に読んでいくと、重複な記載があり冗長な印象を受けるかもしれません。その章だけを読んでも判るようにするために、あえて、このような記載にしています。

表 1.2: キーワード・カードと出力の関係

キーワード・カード	説明
*Node print	結果を *.dat ファイルに出力する。
*Node file	結果を *.frd ファイルに、ascii 形式で出力する。
*Node output	結果を *.frd ファイルに、ascii と binary の混在形式で出力する。

計算結果を図化するためのソフトとしては、公式のCGXとccx2paraview[1]を併用しました。CalculiXは有名なCAEソフトのため、CGXの他にサードパーティ製の図化用ソフトがあります。有名なものをいくつか調べましたが、CFD用の要素に対応しているソフトはccx2paraviewのみでした。ccx2paraviewは、CalculiXの結果形式（*.frd）を、paraview[2]で読み込みできるVTK形式に変換するpythonのプログラムファイルです。ただし、執筆時点で、ccx2paraviewには非圧縮性流体解析のときに速度が変換されないという不具合がありました。したがって、非圧縮性の速度の結果のみがCGXを使った図で、その他はccx2paraviewを使った図です。

1.1 cou2d

≪解析メッシュ≫

図 1.1: cou2d のメッシュ

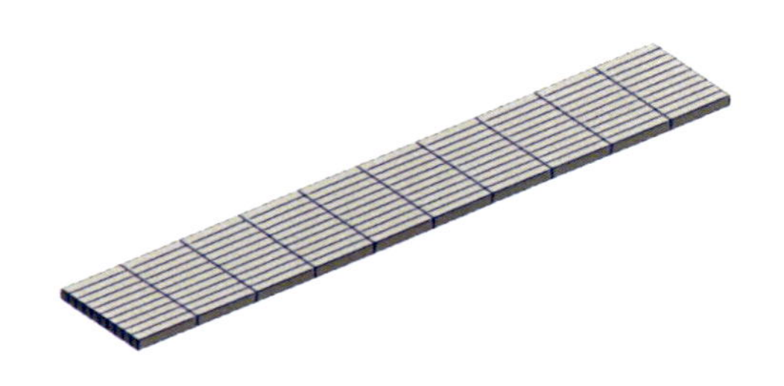

≪計算結果≫

Field名のPS3DFとTS3DFについて説明します。PSは静圧で、TSは静温（通常の温度）で、3DFは3D-Fluidのことです。静圧に対する動圧、静温に対する動圧というField量があります。*.inpファイルのところでも説明しますが、PS3DFとTS3DFの変数名はそれぞれPSFとTSFです。

1.CalculiXhttps://github.com/calculix

2.paraviewhttps://www.paraview.org/

図 1.2: PS3DF：静圧

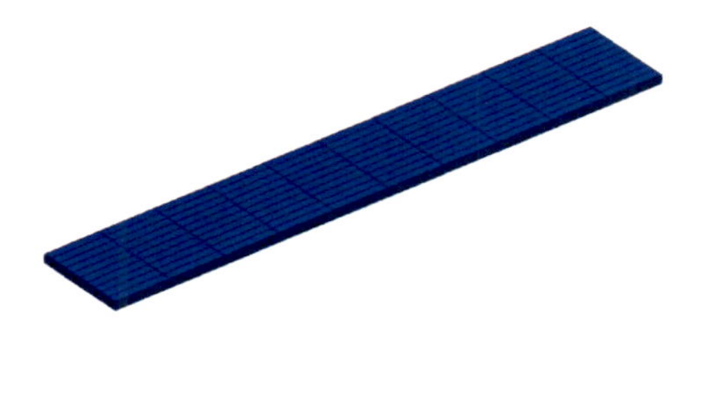

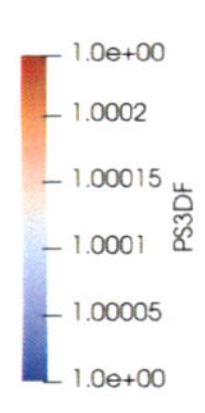

図 1.3: TS3DF：温度

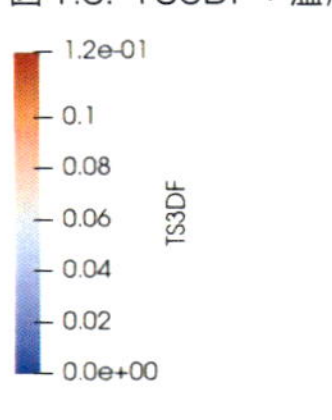

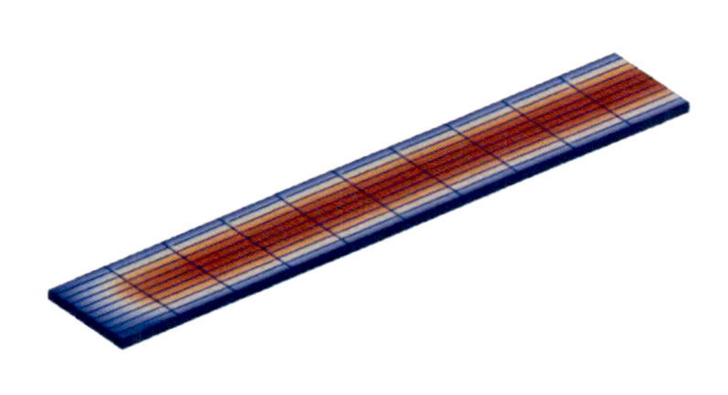

図 1.4: V3DF：速度

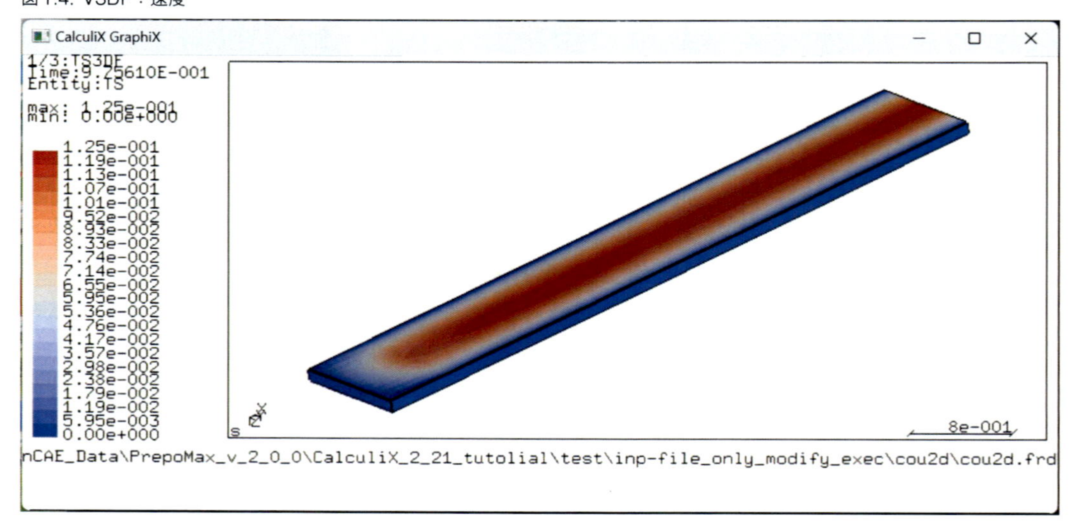

1.2　coucyl

≪解析メッシュ≫

図 1.5: coucyl のメッシュ

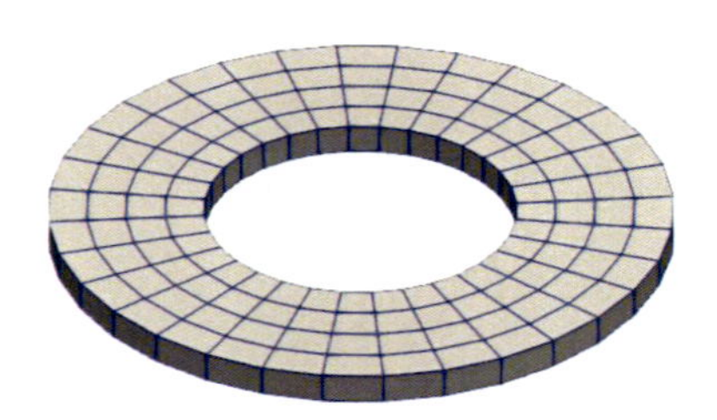

≪計算結果≫

図 1.6: PS3DF：静圧

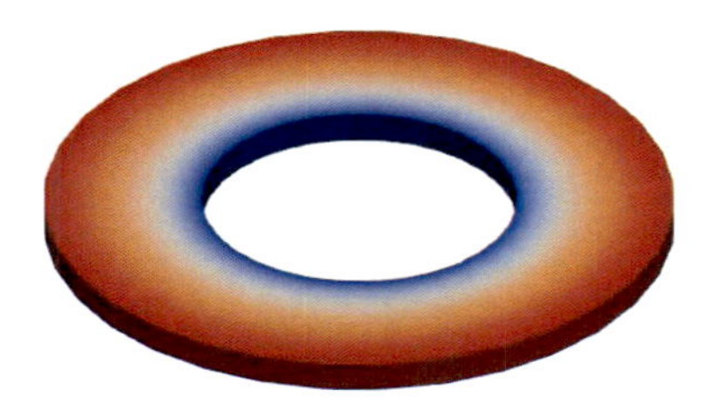

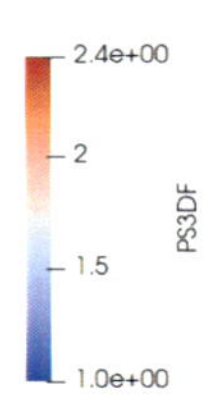

図 1.7: TS3DF：温度

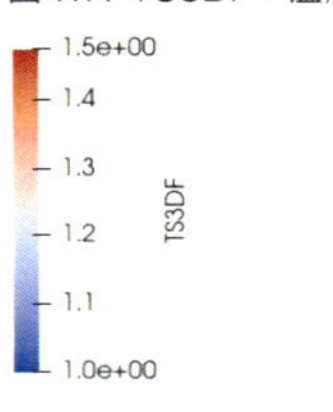

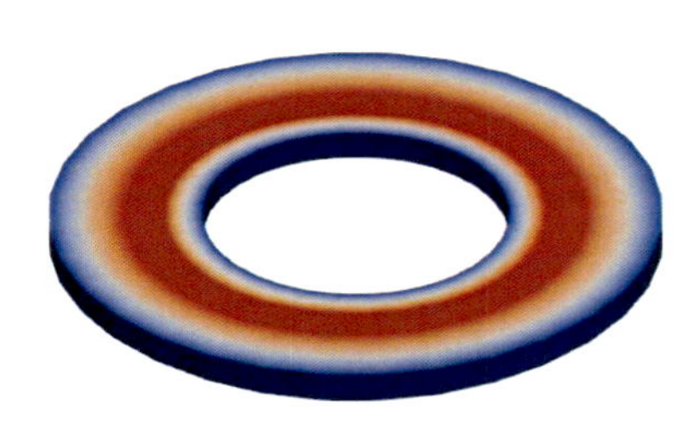

図 1.8: V3DF：速度

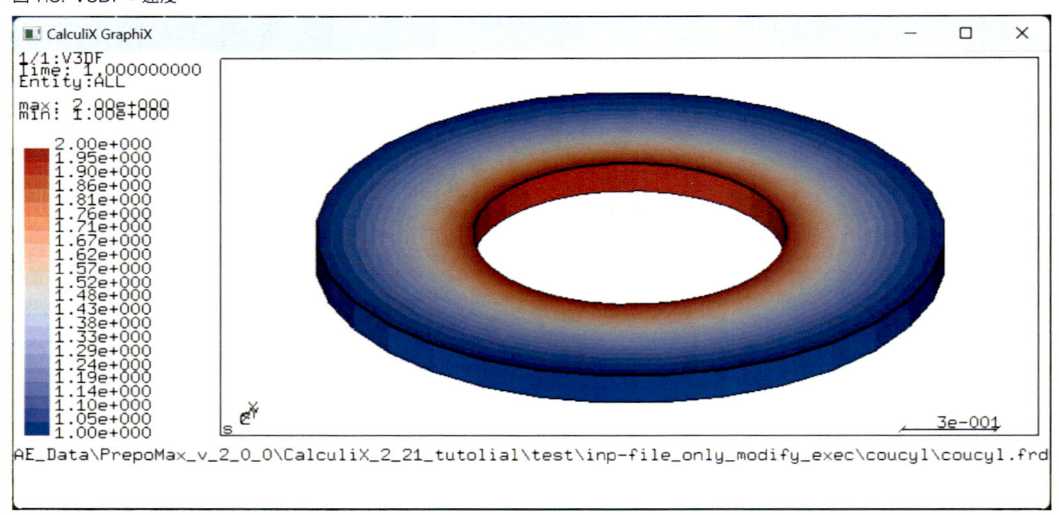

1.3 coucylcent

≪解析メッシュ≫

図 1.9: coucylcent のメッシュ

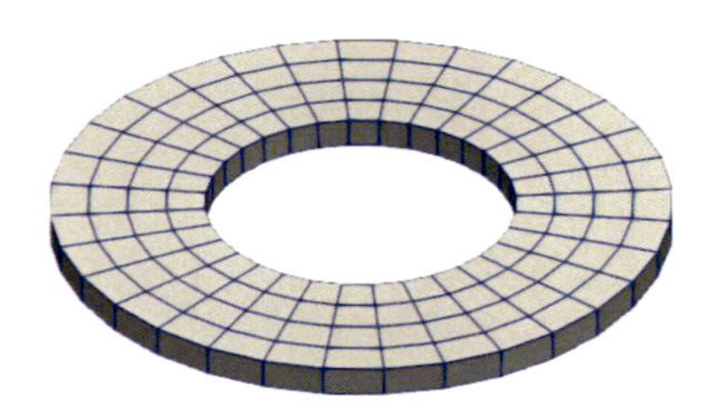

≪計算結果≫

図 1.10: PS3DF：静圧

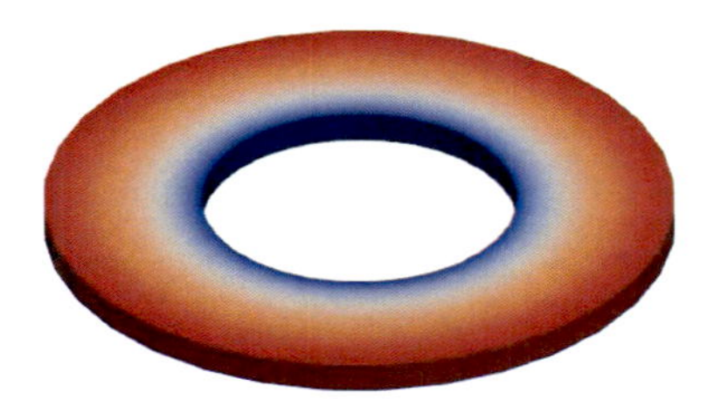

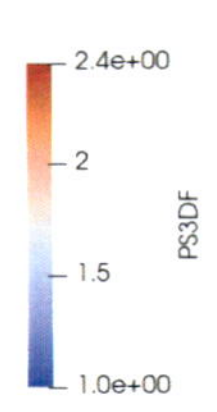

図 1.11: TS3DF：温度

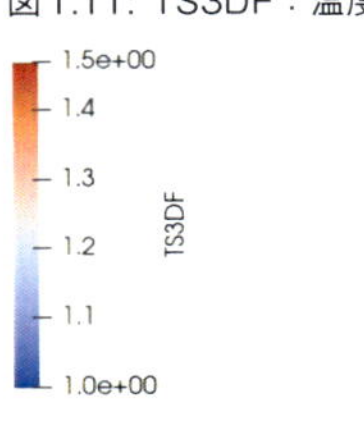

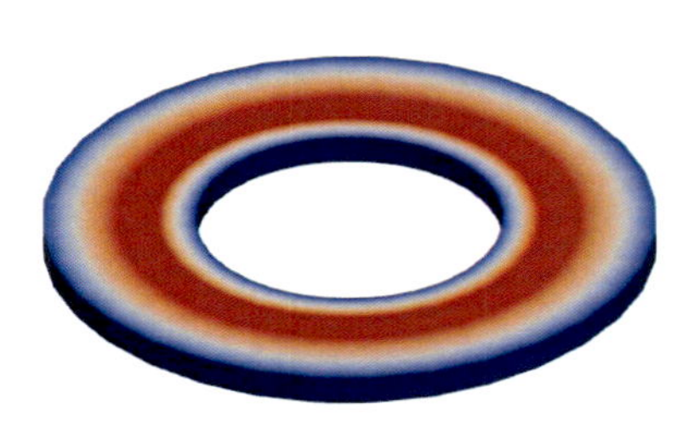

図 1.12: V3DF：速度

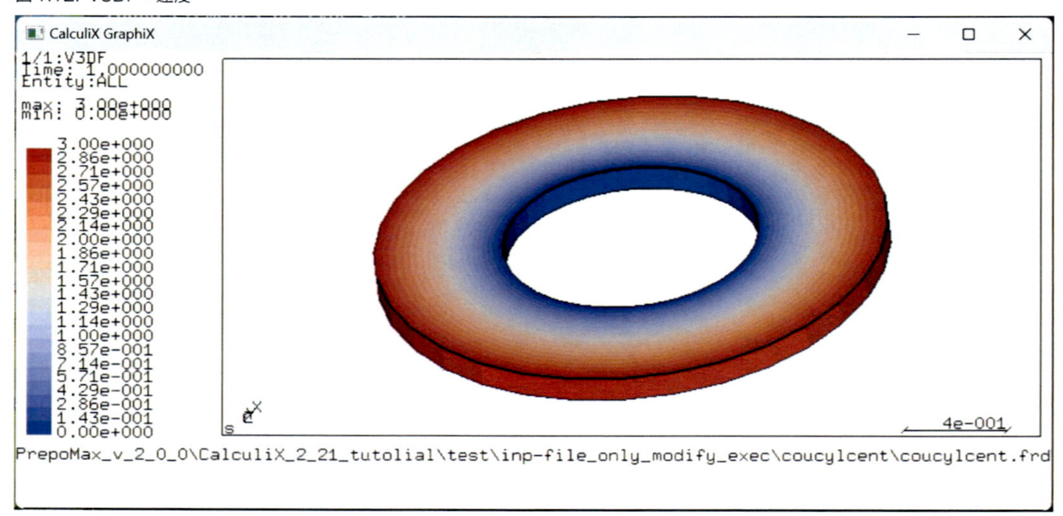

1.4 coucylcent2

≪解析メッシュ≫

図 1.13: coucylcent2 のメッシュ

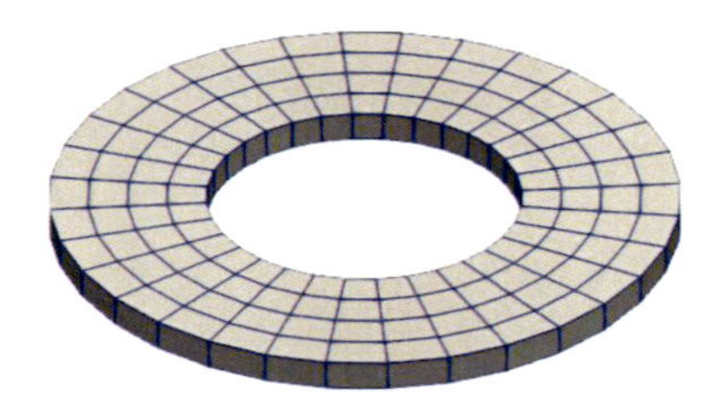

≪計算結果≫

図 1.14: PS3DF：静圧

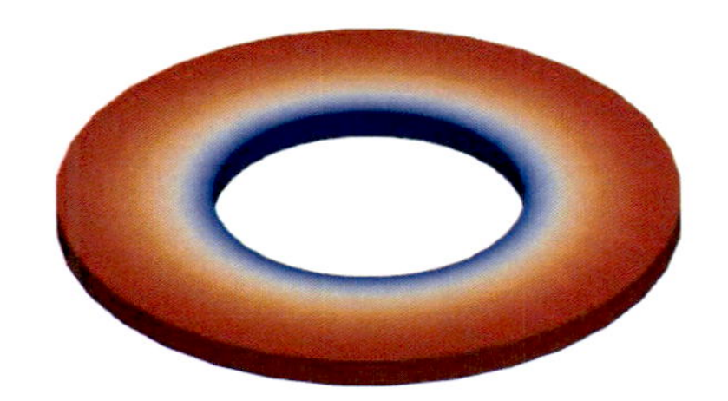

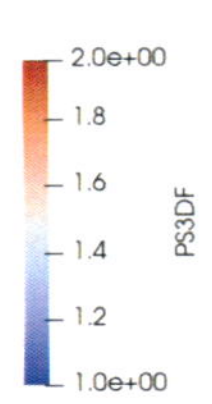

図 1.15: TS3DF：温度

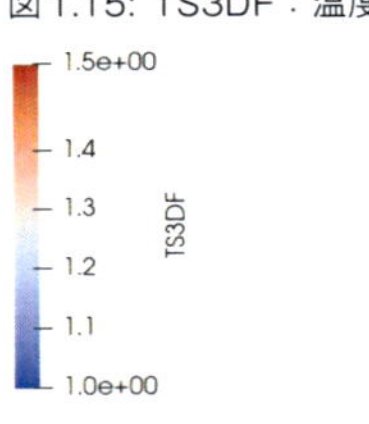

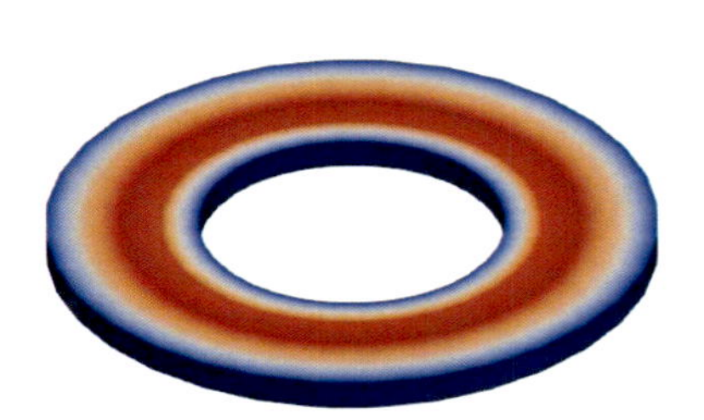

図 1.16: V3DF：速度

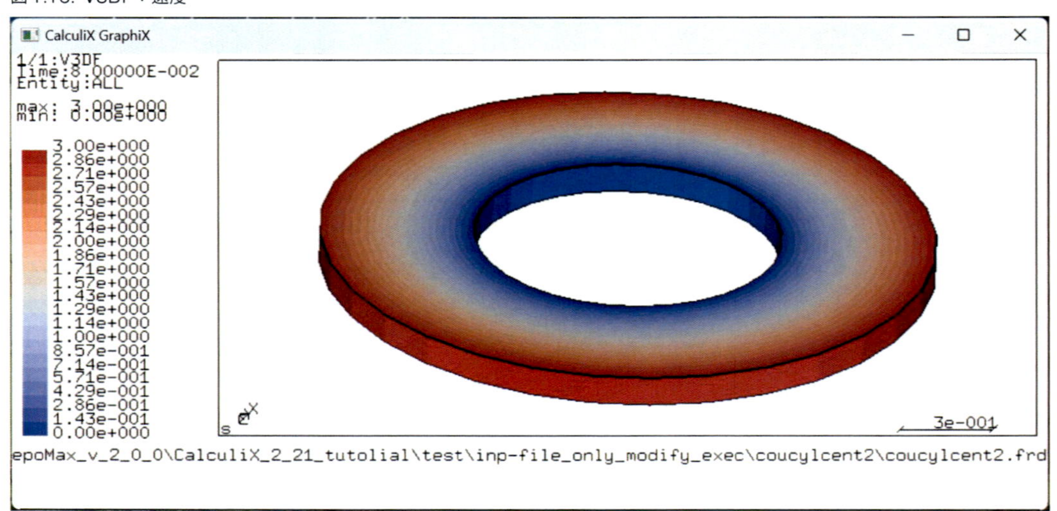

1.5　coucylcentcomp

≪解析メッシュ≫

図 1.17: coucylcentcomp のメッシュ

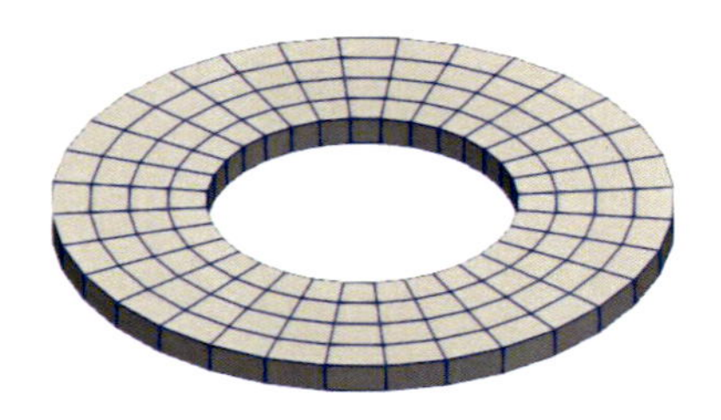

≪計算結果≫

図1.18: PS3DF：静圧

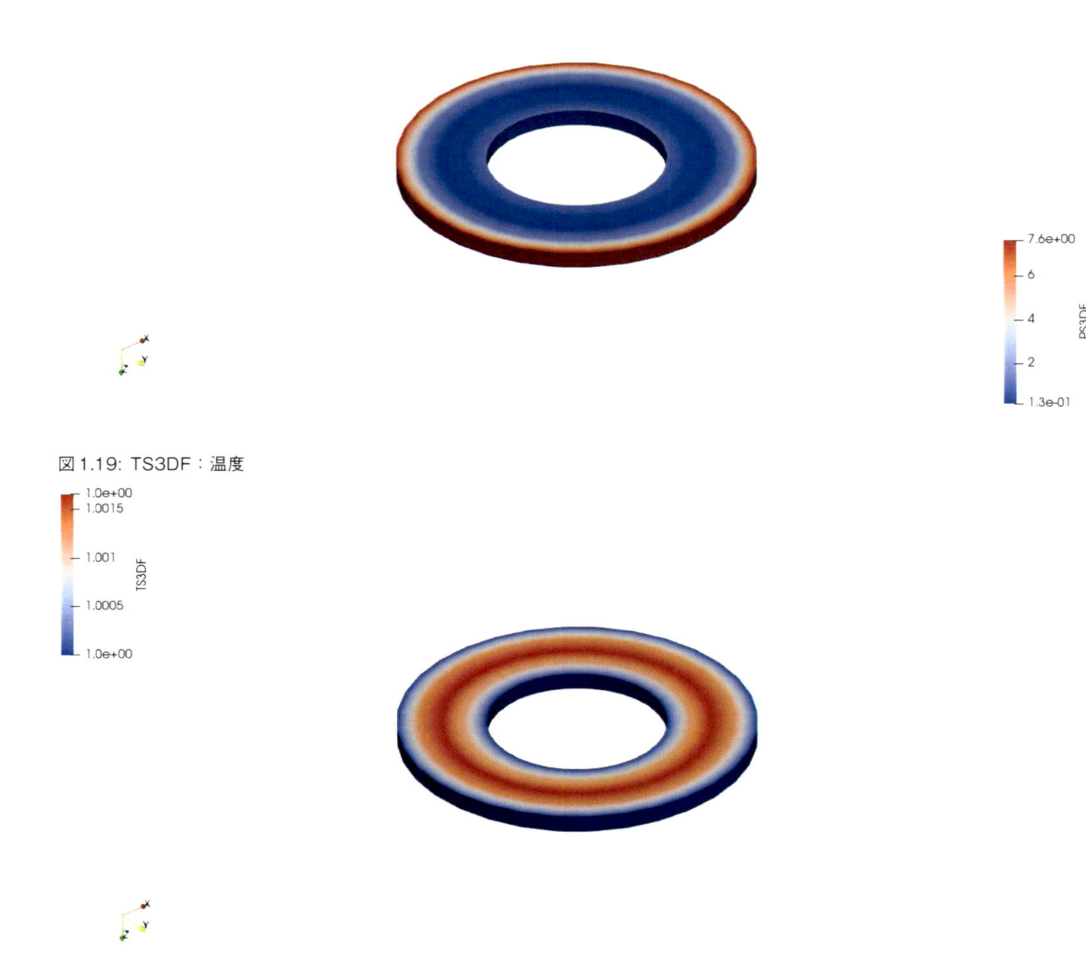

図1.19: TS3DF：温度

Field名のV3DFについて説明します。V3DFは3D流体要素の流速ベクトルで、図1.20では流速の大きさを表示しています。*.inpファイルのところでも説明しますが、V3DFの変数名はVFです。構造解析の動解析のときの速度はVELOで、その変数名はVです。

図 1.20: V3DF：速度

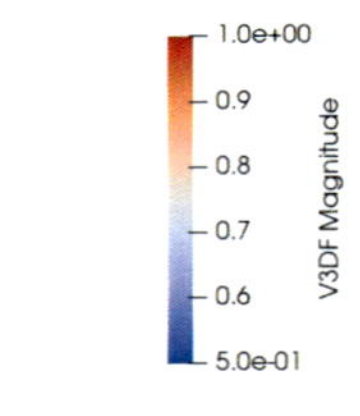

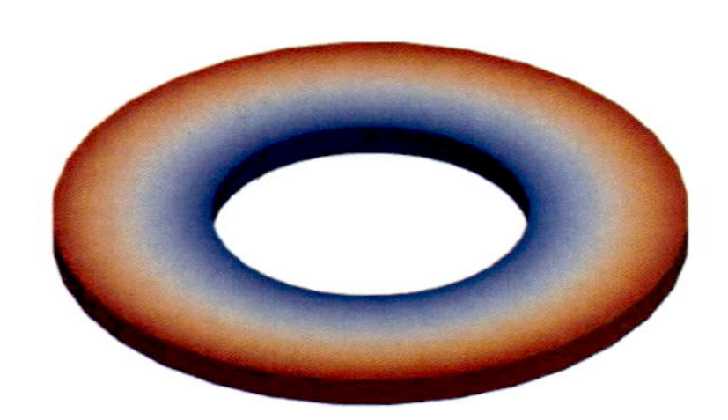

1.6 coucylcomp

≪解析メッシュ≫

図 1.21: coucylcomp のメッシュ

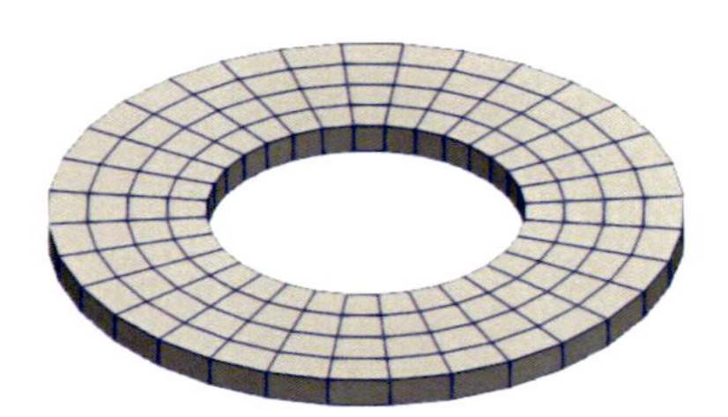

≪計算結果≫

図 1.22: PS3DF：静圧

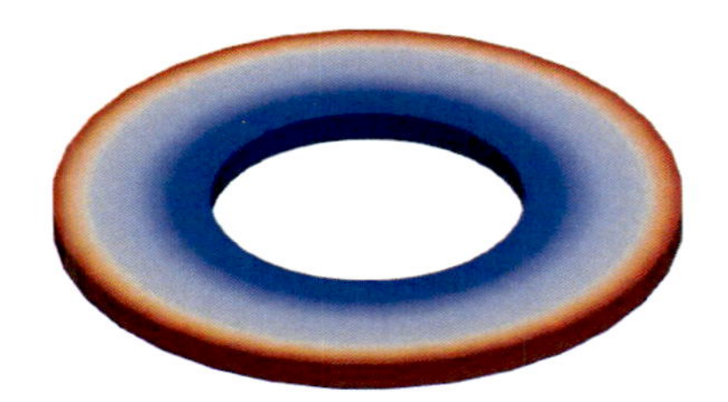

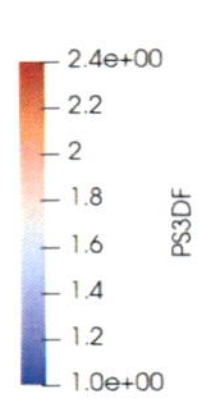

図 1.23: TS3DF：温度

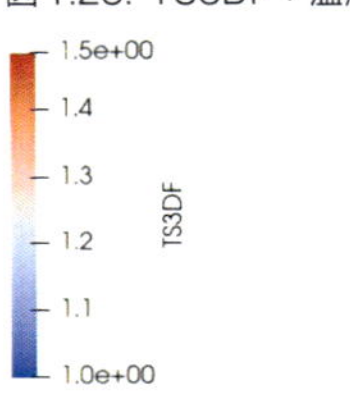

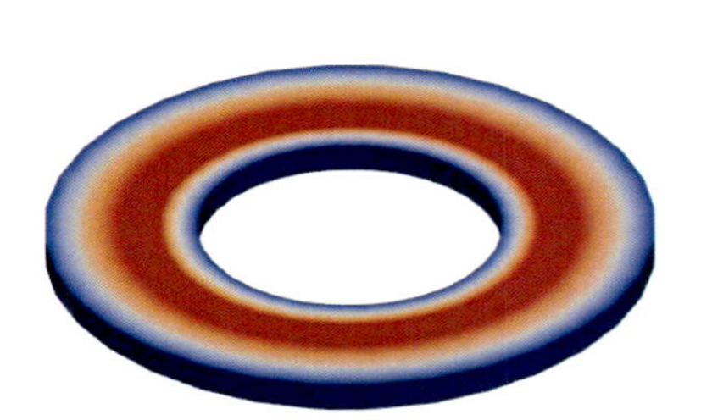

図 1.24: V3DF：速度

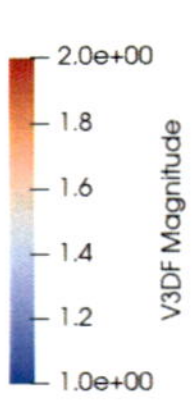

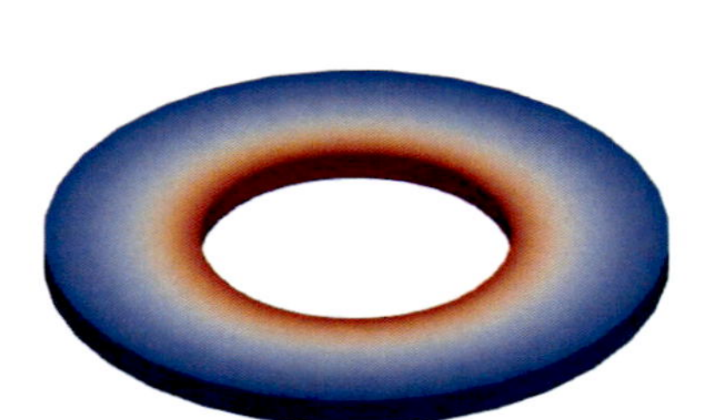

1.7 couette1

≪解析メッシュ≫

図 1.25: couette1 のメッシュ

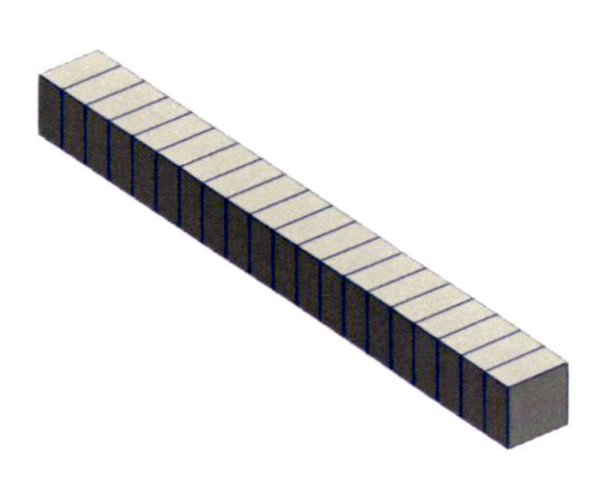

≪計算結果≫

図 1.26: TS3DF：温度

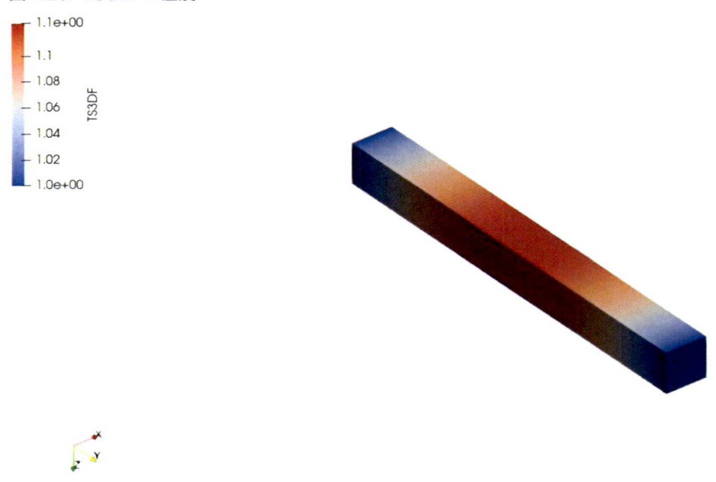

図 1.27: V3DF：速度

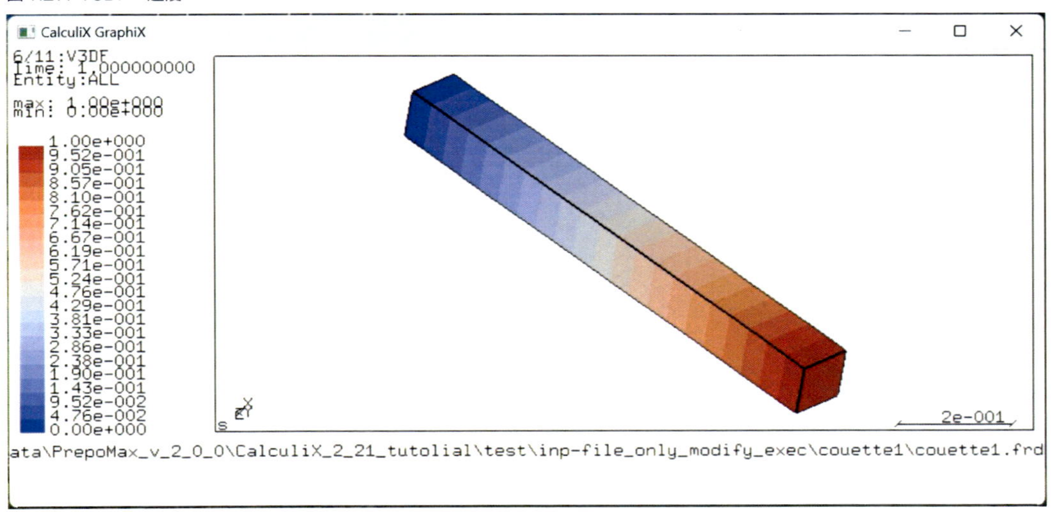

1.8 couette2

≪解析メッシュ≫

図 1.28: couette2 のメッシュ

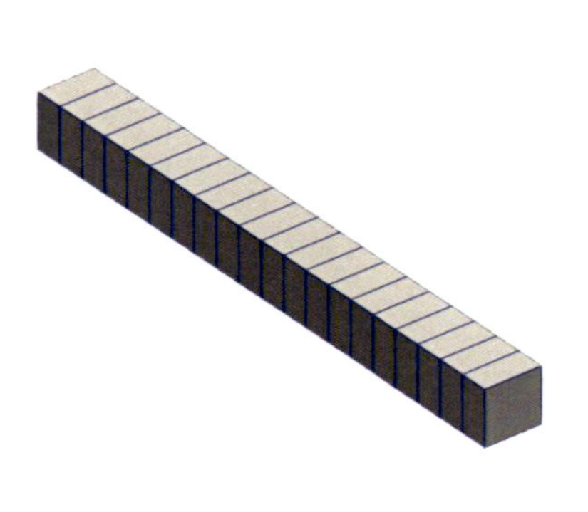

≪計算結果≫

図 1.29: TS3DF：温度

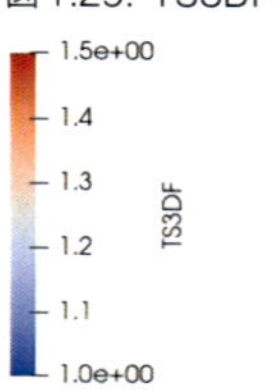

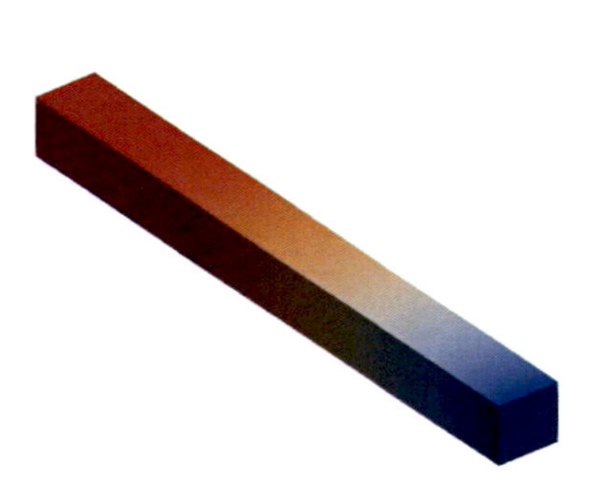

図 1.30: V3DF：速度

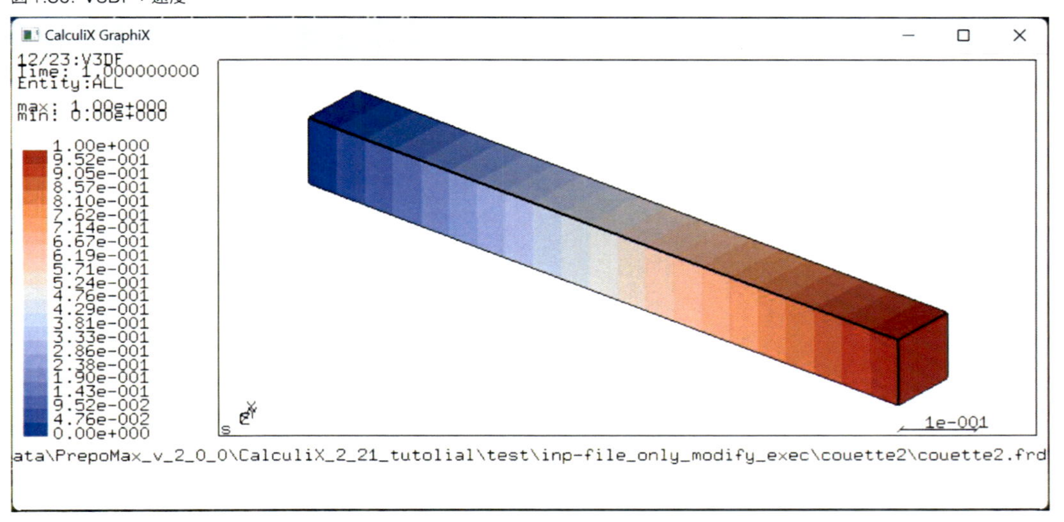

1.9　couette5

≪解析メッシュ≫

図 1.31: couette5 のメッシュ

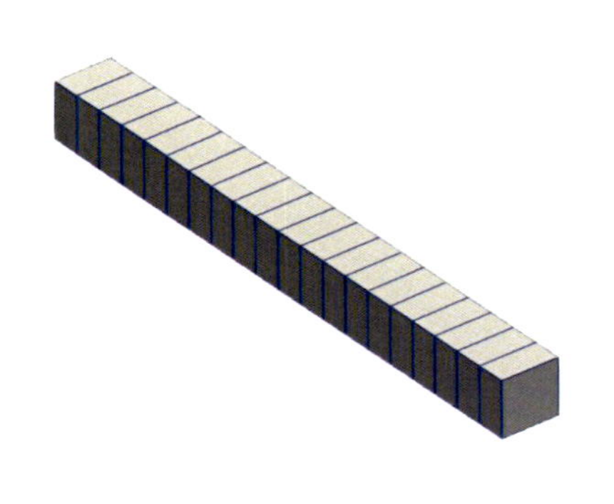

≪計算結果≫

図 1.32: TS3DF：温度

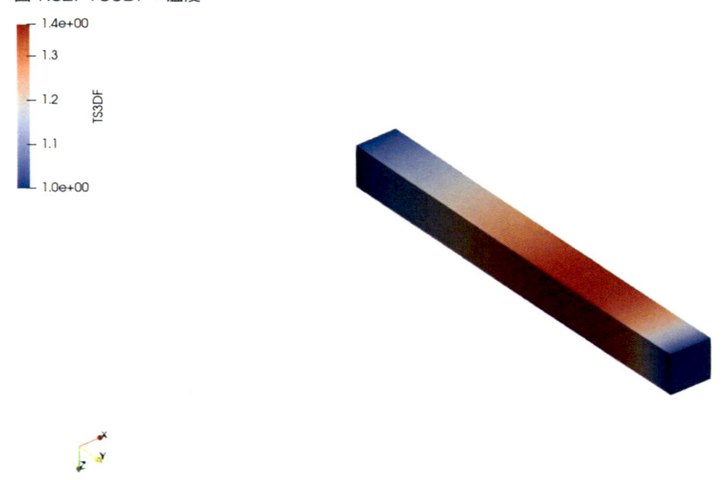

Field名のVSTRESについて説明します。VSTRESは3D流体要素の粘性応力テンソル（viscous stress tensor）で、図1.33では粘性応力テンソルの大きさを表示しています。*.inpファイルのところでも説明しますが、VSTRESの変数名はSVFです。

図 1.33: VSTRES：応力テンソル

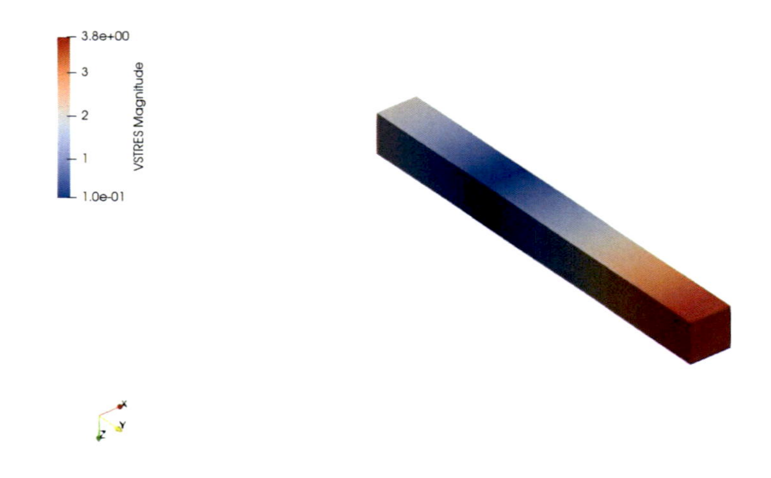

図 1.34: V3DF：速度

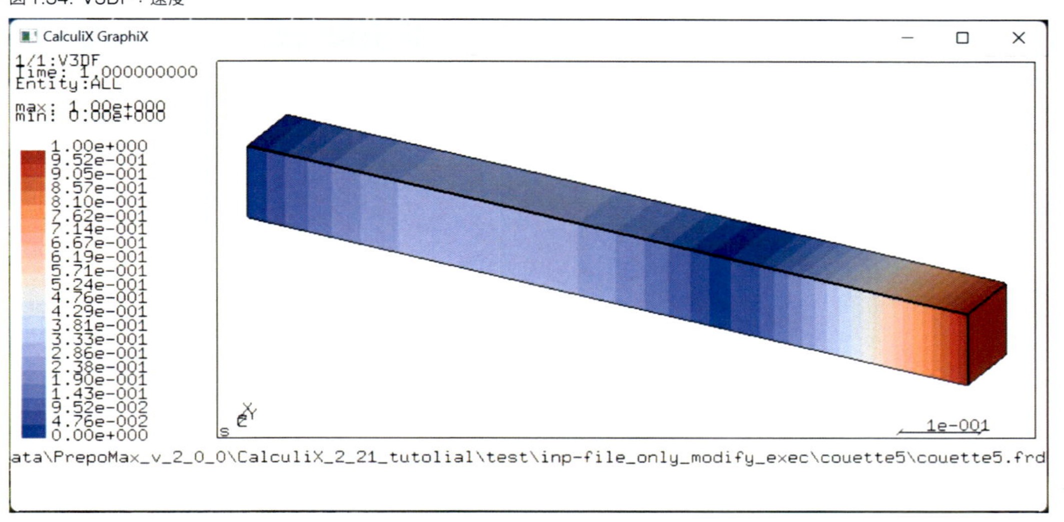

1.10　couseg

≪解析メッシュ≫

図 1.35: couseg のメッシュ

≪計算結果≫

図 1.36: PS3DF：静圧

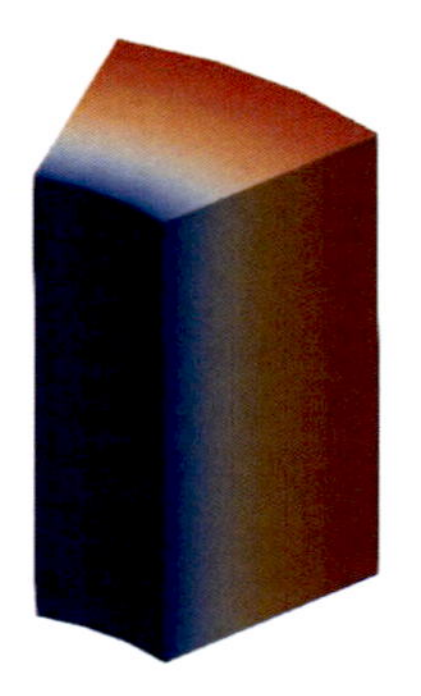

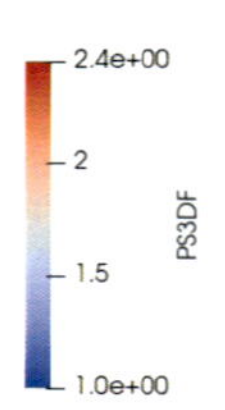

図 1.37: TS3DF：温度

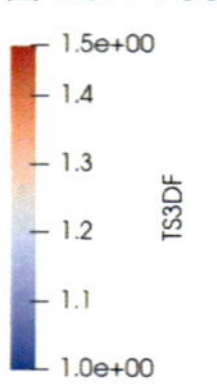

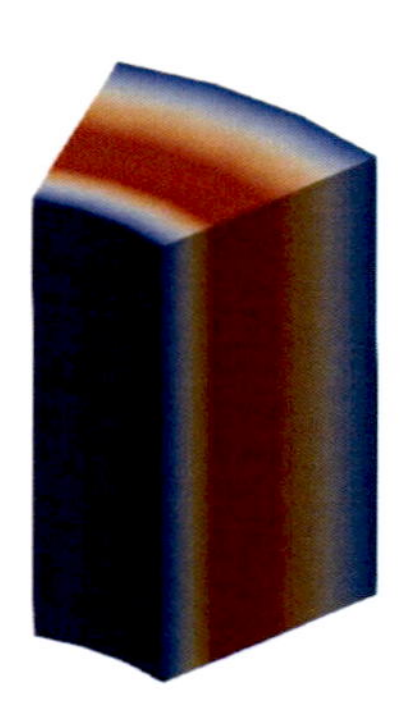

図 1.38: TV3DF：速度

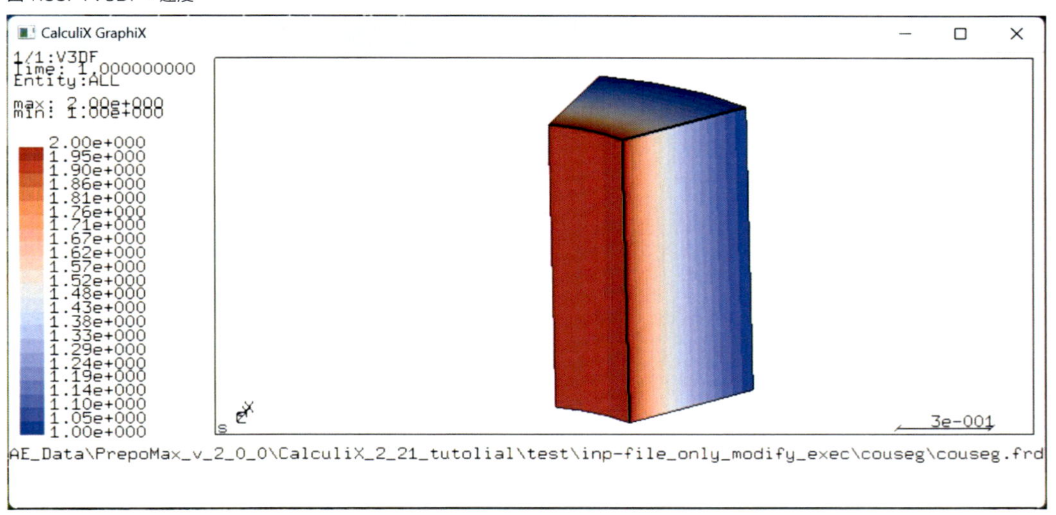

1.11　couseg2

≪解析メッシュ≫

図 1.39: couseg2 のメッシュ

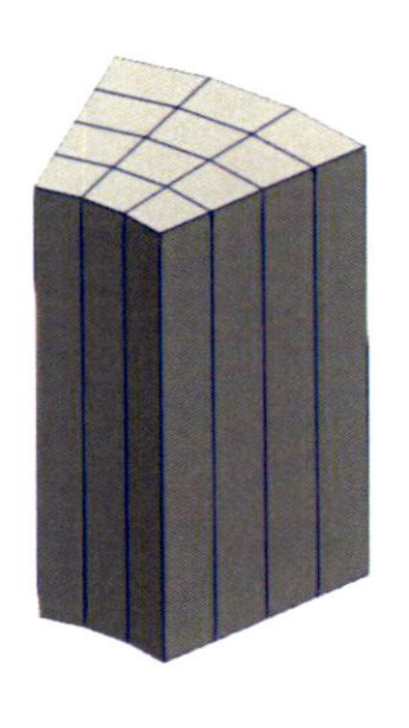

≪計算結果≫

図 1.40: PS3DF：静圧

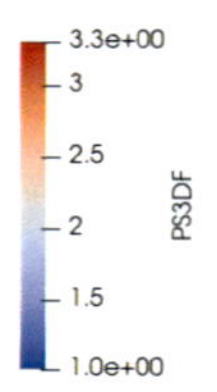

図 1.41: TS3DF：温度

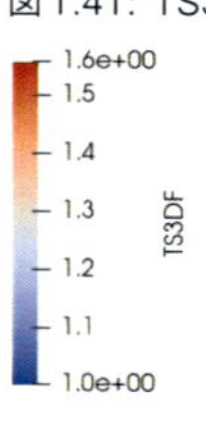

図 1.42: V3DF：速度

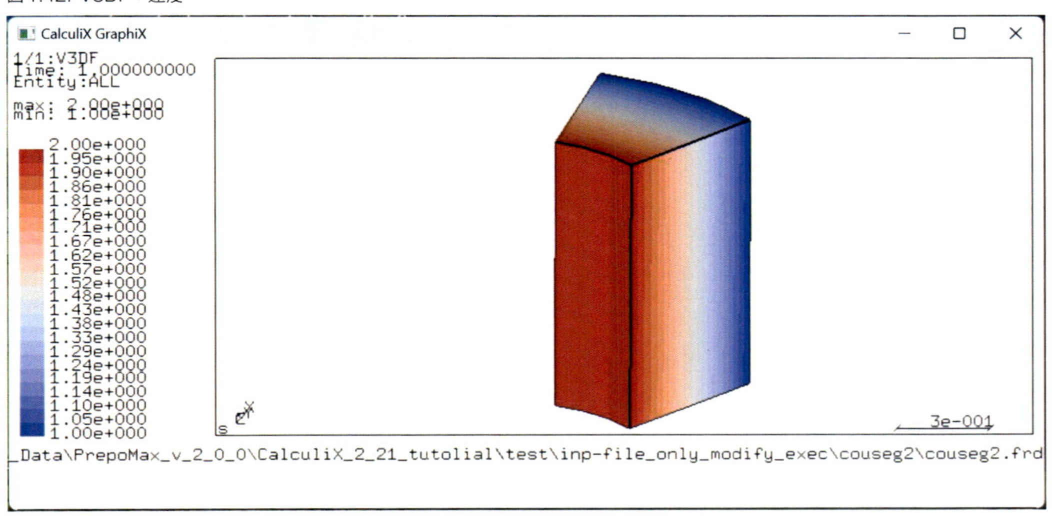

1.12　couseg3

≪解析メッシュ≫

図 1.43: couseg3 のメッシュ

≪計算結果≫

図 1.44: PS3DF：静圧

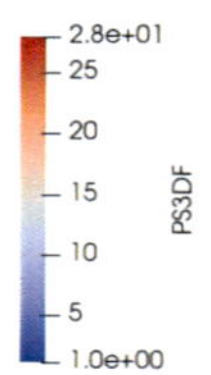

図 1.45: TS3DF：温度

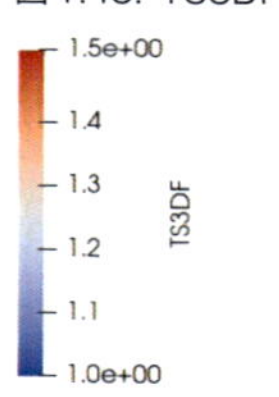

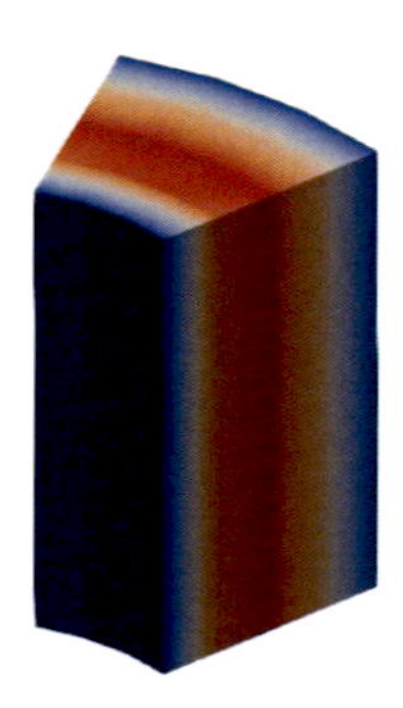

図 1.46: V3DF：速度

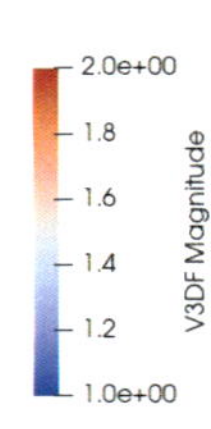

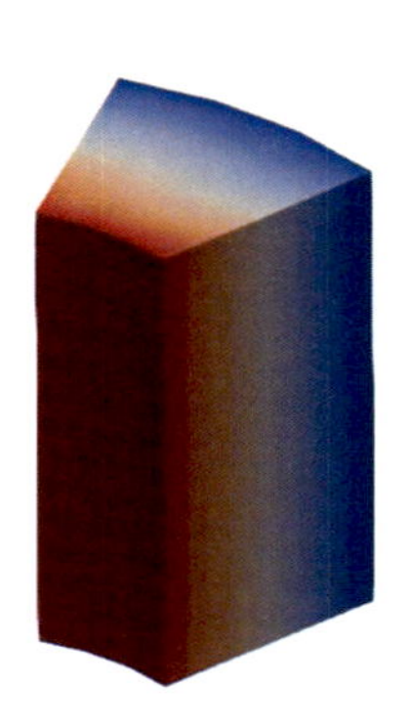

1.13　cousegcomp

≪解析メッシュ≫

図 1.47: cousegcomp のメッシュ

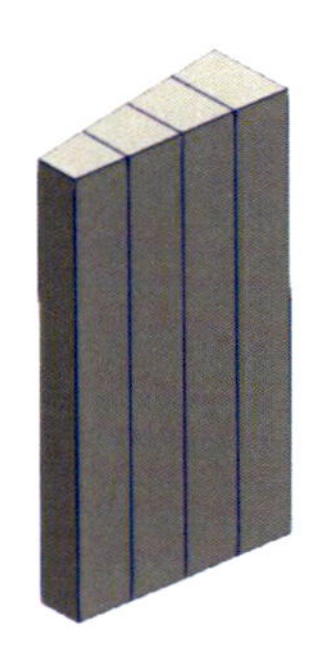

≪計算結果≫

図 1.48: PS3DF：静圧

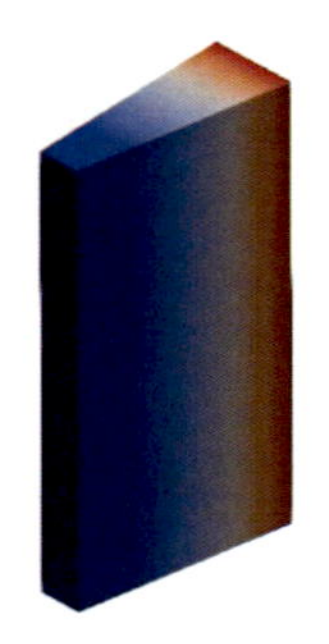

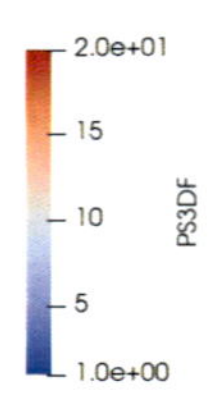

図 1.49: TS3DF：温度

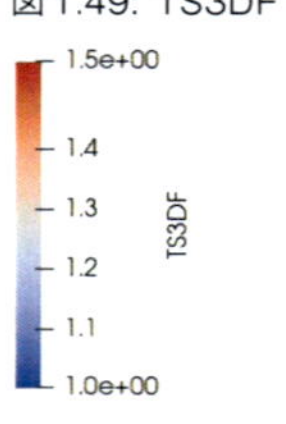

図 1.50: V3DF：速度

第2章　cou2d

本章では、基本テストの中のcou2dケースについて説明します。

2.1　境界条件

Nwallは-Y側の面、Nunitvelは+Y側の面、Ninは-X側の面です。Ninには、最も-Y側と最も+Y側のノードが含まれていません。

図2.1: NodeSets:Nwall

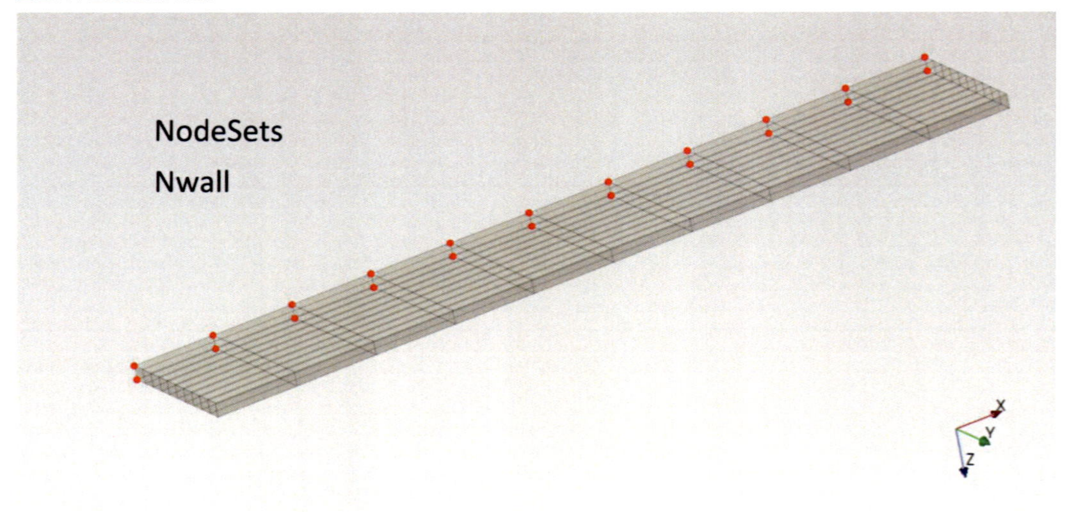

図 2.2: NodeSets:Nunitvel

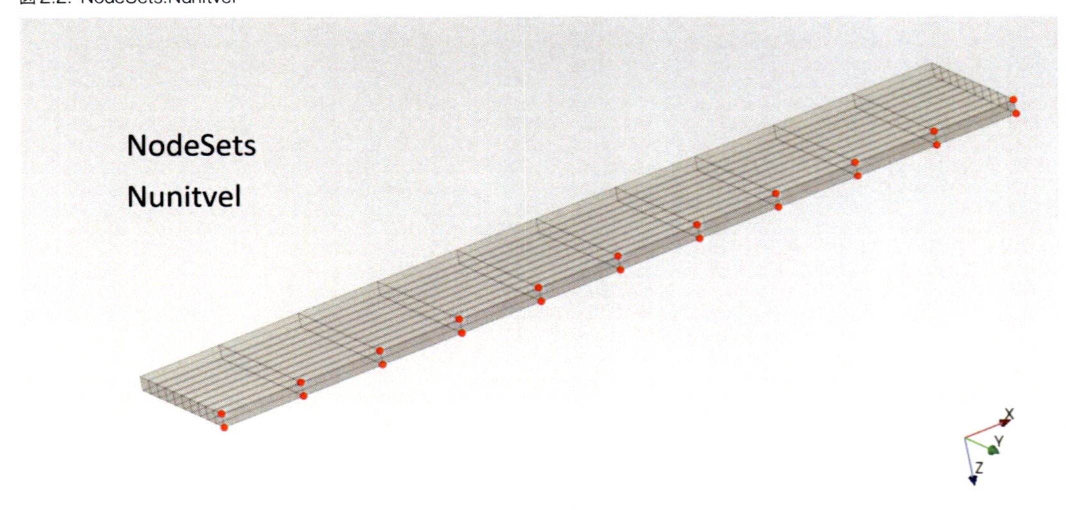

図 2.3: NodeSets:Nin

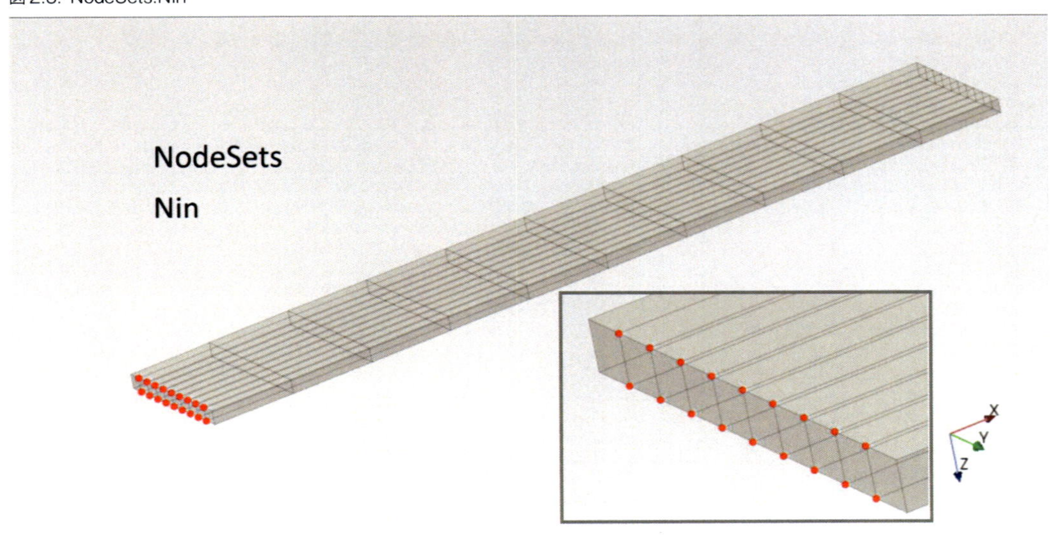

2.2 計算結果

FPSは静圧で、TSは静温（通常の温度）で、3DFは3D-Fluidのことです。PS3DFとTS3DFの変数名はそれぞれPSFとTSFです。V3DFは3D流体要素の流速ベクトルで、その変数名はVFです。構造解析の動解析のときの速度はVELOで、その変数名はV です。図2.6は流速の大きさを表示しています。

図 2.4: PS3DF：静圧

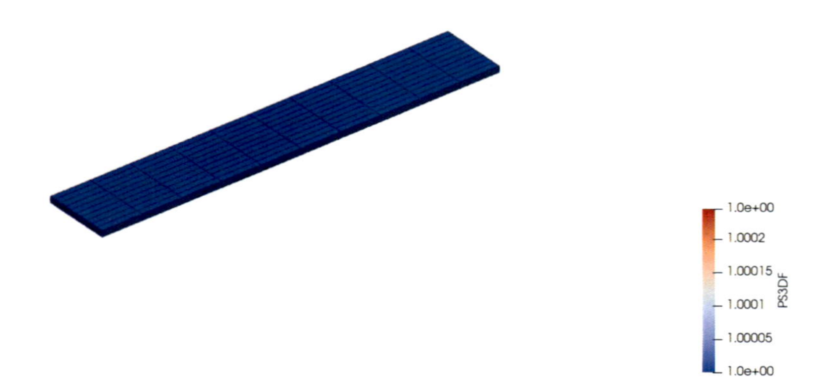

図 2.5: TS3DF：温度

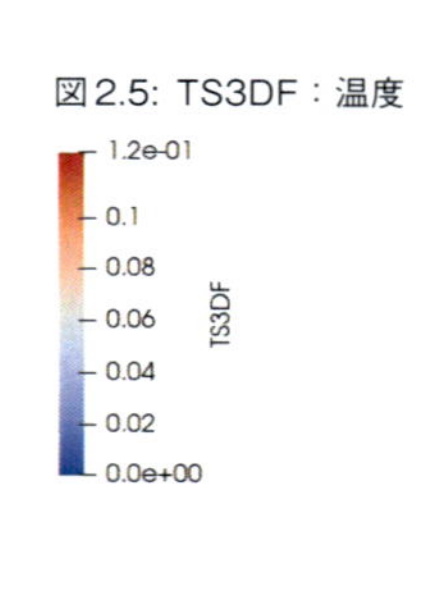

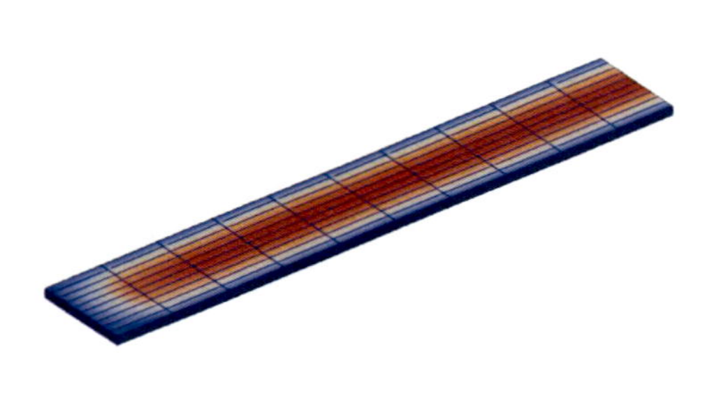

図 2.6: V3DF：速度

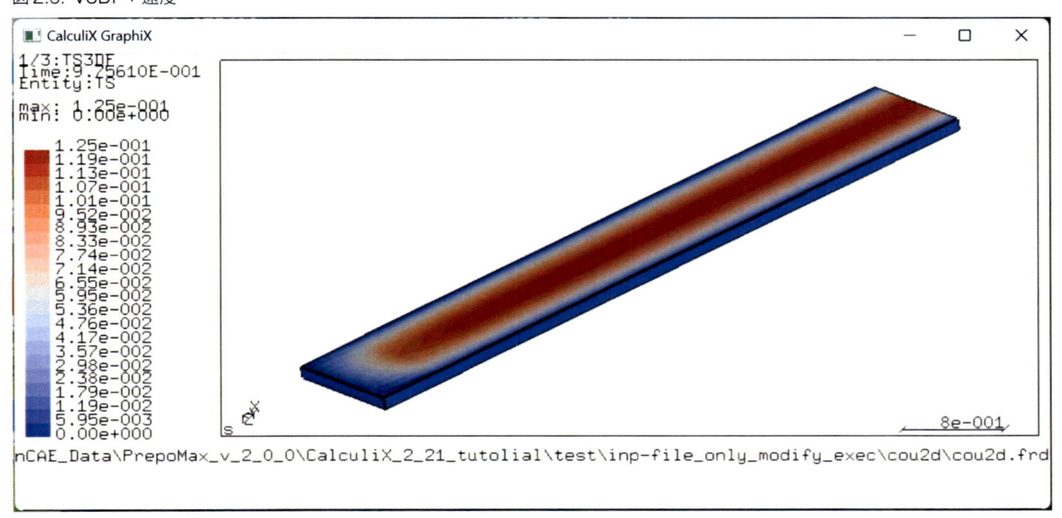

2.3 cou2d.inp

全体のノードの定義をし、全体の要素の定義をしたのちに、ノードセットNwall、Nunitvel、Ninの定義をしています。

リスト 2.1: cou2d.inp-1

```
**
**   Structure: 2d Couette incompressible thermal fluid flow
**   Test objective: CFD Finite Element Method
**                   linear entrance velocity profile between 0. and 1.
**                   moving wall: velocity 1. and temperature 0.
**                   fixed wall: velocity 0 and temperature 0.
**                   pressure at exit 1.
**   Analytical solution: v linear between 0. and 1.
**                        Tmax=0.125
**                        p constant at 1.
**
*NODE, NSET=Nall
       1,0.000000000000e+00,0.000000000000e+00,1.000000000000e-01
～中略～
     242,6.000000000000e+00,1.000000000000e+00,0.000000000000e+00
*ELEMENT, TYPE=F3D8, ELSET=Eall
     1,      1,      2,      3,      4,      5,      6,      7,      8
～中略～
   100,    217,    239,    241,    219,    218,    240,    242,    220
```

```
** Names based on wall
*NSET,NSET=Nwall
1,
～中略～
44,
** Names based on unitvel
*NSET,NSET=Nunitvel
221,
～中略～
242,
** Names based on in
*NSET,NSET=Nin
2,
～中略～
201,
```

マテリアルWATERの物性値を定義しています。DENSITYは密度、FLUID CONSTANTSは順に、一定圧力下の比熱（Specific heat at constant pressure）と粘性係数（Dynamic viscosity）です。3つ目の温度は省略可能です。圧縮性流体解析や熱流体解析の場合は、温度の指定が必要です。紛らわしいですが、動粘性係数（動粘度）は、Kinematic viscosityです。最後のCONDUCTIVITYは熱伝導率です。

リスト2.2: CalculiXのマニュアルより

```
Example:
 *FLUID CONSTANTS
 1.032E9,71.1E-13,100.

 defines the specific heat and dynamic viscosity for air at 100 K
 in a unit system using N, mm, s and K:
 cp = 1.032 × 10^9 mm^2/s^2K
 and μ  = 71.1 × 10^(−13) Ns/mm^2.

100Kの空気の比熱と粘性係数の定義。単位は、N、mm、s、K。比熱cp = 1.032×10^9 [mm^2/s^2K]、粘性係数μ  = 71.1 × 10^(−13) [Ns/mm^2].

※　μの単位の次元が、動粘性係数でなく粘性係数になっているのを確認してください。
※　上付文字が使用できないため、累乗を示す数字が通常のサイズになっているのに注意してください。
```

リスト2.3: cou2d.inp-2

```
*MATERIAL,NAME=WATER
*DENSITY
1.
*FLUID CONSTANTS
1.,1.
*CONDUCTIVITY
1.
```

セクションの指定（*SOLID SECTION）。1Dのネットワーク要素でなく3Dの要素という意味で、"*SOLID SECTION"なのでしょう。"SOLID"を固体だと思うと、つい"FLUID"と入力したくなります。

初期値の速度の指定（*INITIAL CONDITIONS）。各行の"**"は説明用に追記したもので、そのように*.inpの内容を記載しても動作しないかもしれません。

計算ステップ（*STEP,INCF=400）。INCFはインクリメント最大値。

定常非圧縮性層流の流体計算（*CFD,STEADY STATE）。パラメータCOMPRESSIBLEが記載されていないため、（デフォルトの）非圧縮性になります。パラメータTURBULENCEMODELが記載されていないため、（デフォルトの）層流モデルでの計算になります。2行目は、順に、初期時間インクリメント、ステップの時間間隔（デフォルトは1）、許容最小時間インクリメント、許容最大時間インクリメント、CFD問題のセーフティファクターです。記載されていないときはデフォルトの値が採用されます。

表2.1: パラメータの説明

2行目のパラメータ	説明
初期時間インクリメント	デフォルトは1。1行目のパラメーターにDIRECTが指定されていない場合、計算途中で、この値は自動インクリメントによって変更されます。パラメーターDIRECTの指定の有無に関わらず、最初のインクリメントは指定した値となります。
ステップの時間間隔	デフォルトは1。計算終了までの時間です。
許容最小時間インクリメント	DIRECTが指定されていない場合のみ有効。デフォルトは、初期時間インクリメントまたはステップの時間間隔の1.e-5倍のうちのどちらか小さいほう。
許容最大時間インクリメント	デフォルトは1.e+30。DIRECTが指定されていない場合のみ有効。
セーフティファクター	デフォルトは1.25。ユーザーが指定する場合はこれより大きな値にしてください。時間増分を除算する、対流特性と拡散特性に基づいて計算された安全係数。

リスト2.4: cou2d.inp-3

```
*SOLID SECTION,ELSET=Eall,MATERIAL=WATER
*INITIAL CONDITIONS,TYPE=FLUID VELOCITY
Nall,1,0.               ** X方向の速度成分 = 0.
Nall,2,0.               ** Y方向の速度成分 = 0.
Nall,3,0.               ** Z方向の速度成分 = 0.
*INITIAL CONDITIONS,TYPE=PRESSURE
Nall,1.                 ** 圧力 = 1.
*INITIAL CONDITIONS,TYPE=TEMPERATURE
Nall,0.                 ** 温度 = 0.
*STEP,INCF=400
*CFD,STEADY STATE
1.,1.,,,
```

境界条件の指定（*BOUNDARY）。各行の"**"は説明用に追記したもので、そのように*.inpの内容を記載しても動作しないかもしれません。

出力の指定（*NODE PRINT、*NODE fileなど）。前述の説明の通り。

リスト2.5: cou2d.inp-4

```
*BOUNDARY
Nall,3,3,0.             ** Z方向の速度成分 = 0.
Nwall,1,2,0.            ** X,Y方向の速度成分 = 0.
Nunitvel,1,1,1.         ** X方向の速度成分 = 1.
Nunitvel,2,2,0.         ** Y方向の速度成分 = 0.
2,1,1,0.1               ** 以下は、ノード番号を指定して、
6,1,1,0.1               ** X方向の速度成分を設定しています。
45,1,1,0.2              ** これらは、Ninに含まれているノードです。
47,1,1,0.2              ** ノード番号が大きくなるに従い、
67,1,1,0.3              ** 線形で速度成分が大きくなっています。
69,1,1,0.3
～中略～
201,1,1,0.9
Nin,2,2,0.              ** Y方向の速度成分 = 0.
42,8,8,1.               ** 圧力 = 1.(流体解析のみ)
～中略～
242,8,8,1.
Nwall,11,11,0.          ** 温度 = 0.
Nunitvel,11,11,0.       ** 温度 = 0.
Nin,11,11,0.            ** 温度 = 0.
*NODE PRINT,FREQUENCYF=400,NSET=Nall
VF,PSF,TSF              ** それぞれ、流速、静圧、静温。
```

```
** ------ Addition ------.       ** 追記した部分
*NODE file
VF,PSF,TSF                    ** それぞれ、流速、静圧、静温。
** ------ Addition ------(end)
*END STEP
```

第3章　coucyl

本章では、基本テストの中のcoucylケースについて説明します。

3.1　境界条件

Nwallinは内側の面、Nwalloutは外側の面、Nradは半径方向です。いずれのノードセットも、-Z側のノードのみが含まれています。

図3.1: NodeSets:Nwallin

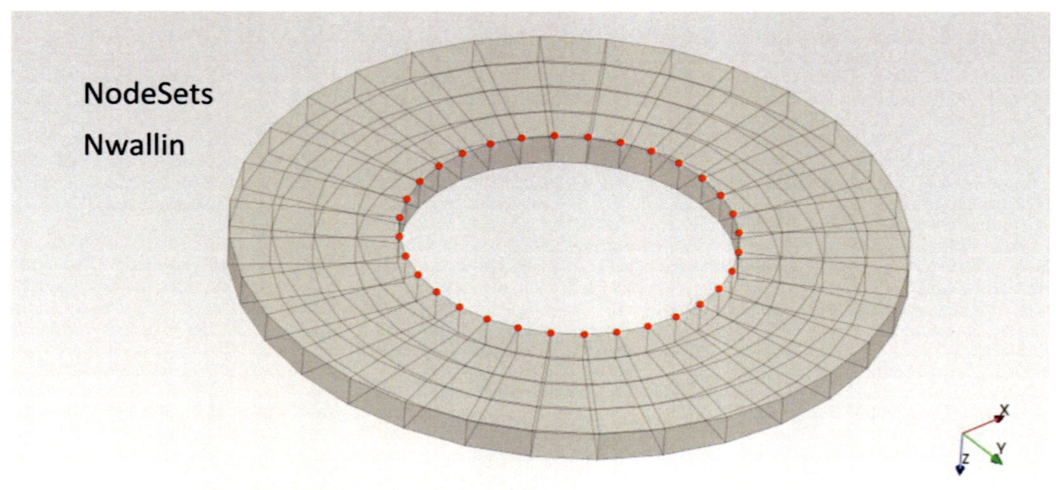

図 3.2: NodeSets:Nwallout

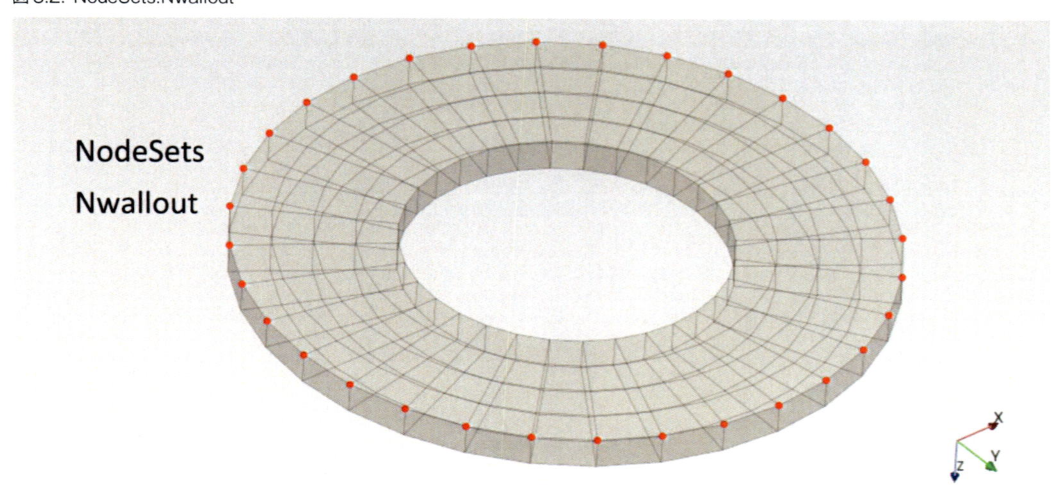

図 3.3: NodeSets:Nrad

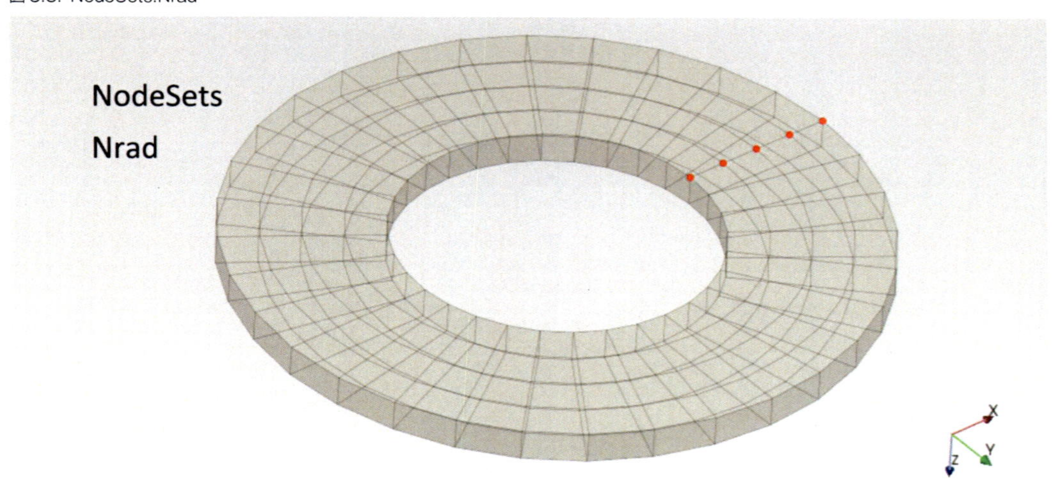

3.2 計算結果

PSは静圧で、TSは静温（通常の温度）で、3DFは3D-Fluidのことです。PS3DFとTS3DFの変数名はそれぞれPSFとTSFです。V3DFは3D流体要素の流速ベクトルで、その変数名はVFです。構造解析の動解析のときの速度はVELOで、その変数名はV です。図3.6は流速の大きさを表示しています。

図 3.4: PS3DF：静圧

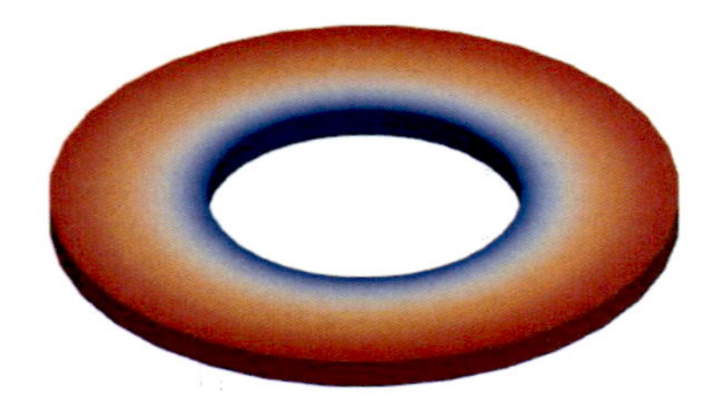

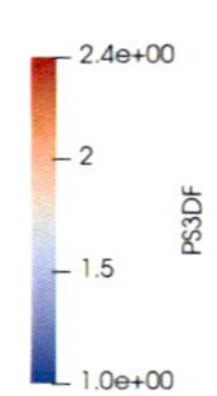

図 3.5: TS3DF：温度

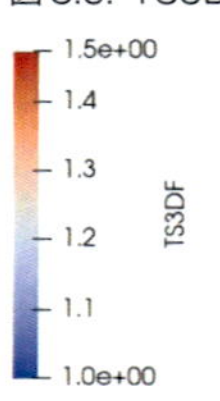

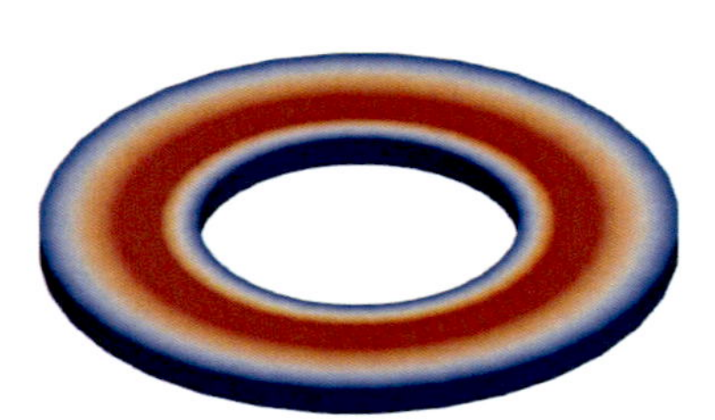

図3.6: V3DF：速度

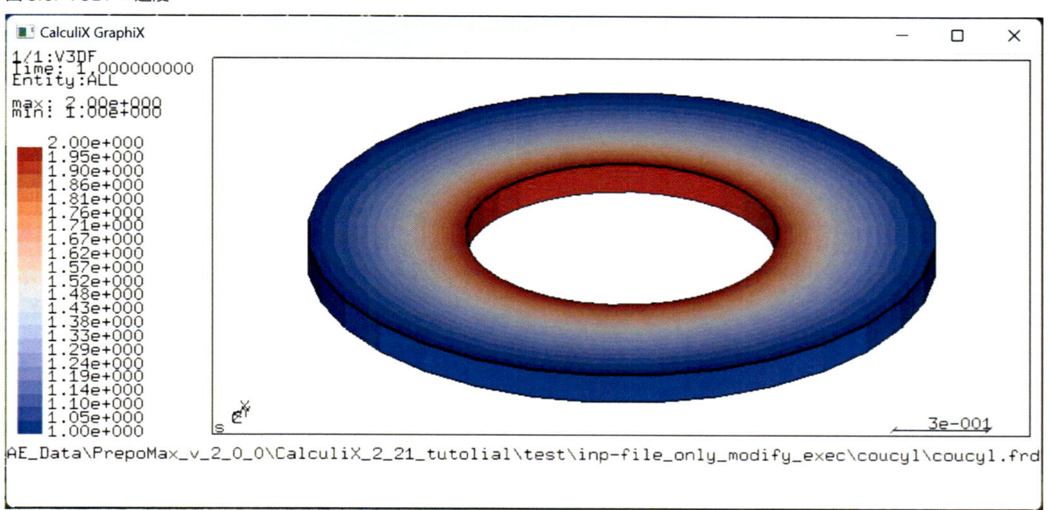

3.3　coucyl.inp

全体のノードの定義をし、全体の要素の定義をしたのちに、ノードセットNwallin、Nwalloutの定義をしています。ノードセットNradの定義は、あとで出てきます。

方程式（*EQUATION）。

リスト3.1: *EQUATION

```
*EQUATION
セットの1行目：式の項の数
セットの残りの行（1行あたり最大12エントリー）
最初の変数の節点番号,最初の変数の節点での自由度,最初の変数の係数の値,
2番目の変数の節点番号,2番目の変数の節点での自由度,2番目の変数の係数の値,
・・・
```

自由度1,2,3に対応する変数をそれぞれU,V,Wとし、ノード番号を後置して区別して表記する、例えばノード番号28の2番目の自由度の値を、U28と表記するとすると、リスト3.1の記載から、

```
*EQUATION
2
3,1,-1.000000000000,2,1,1.000000000000
```

という記載は、(-1.0)*U3+(1.0)*U2=0という式を表していて、結局のところ、U3=U2という拘束条

件を表しています。したがって、*.inpファイルの*EQUATIONの部分は、下記の拘束条件を設定しているのが判ります。

・前半部の設定により、1番目と2番目の自由度のField量（速度のX成分とY成分）が、（ローカル座標系の）Z方向で対応するノードどうしで同じ値になります。
・後半部の設定により、11番目の自由度のField量（温度）が、（ローカル座標系の）Z方向で対応するノードどうしで同じ値になります。

座標系の変更（*TRANSFORM）。

リスト3.2: CalculiXのマニュアルより

```
Example:
 *TRANSFORM,NSET=No1,TYPE=R
 0.,1.,0.,0.,0.,1.

 assigns a new rectangular coordinate system to the nodes belonging
to (node) set No1. The x- and the y-axes in the local system are
the y- and z-axes in the global system.

(ノード)セットNo1に属するノードに新しい直交座標系を割り当てます。ローカル座標系のx'軸とy'軸は、グローバル座標系のy 軸とz軸になります。

※　TYPEに指定できるものは、今のところ、R(デフォルト;rectangular)とC(cylindrical)のみです。

※　2行目の6個のパラメーターは、それぞれ、グローバル座標系でのa点の座標（Xa,Ya,Za)、b点の座標(Xb,Yb,Zb)です。

ローカル直交座標系を選択したときは、原点と点aを結ぶベクトルがX'軸、点bはX'Y'平面上の点です。マニュアルの図から類推すると、原点と点aを結ぶベクトルと原点と点bを結ぶベクトルが直交していなくても、ローカル直交座標系のX'軸とY'軸は直交し、ローカル直交座標系のZ'軸はX'Y'平面と直交すると思われます。ローカル円筒座標系を選択したときは、始点aと終点bを結ぶベクトルが、Z'軸（ローカル円筒座標系の軸）になります。マニュアルの図から類推すると、点aと点bの中点がローカル円筒座標系の原点になると思われます。
```

リスト3.2の記載から、*.inpファイルでグローバル座標系のZ軸をローカル円筒座標系のZ軸にしているのが判ります。以後、座標系は、X→R、Y→θ、Z→Z　の意味になります。

リスト3.3: coucyl.inp-1

```
**
**   Structure: fluid flow between two cylinders.
**   Test objective: incompressible Couette flow with fixed
**                   wall temperature.
```

```
**                    pressure at the outside: 2.5
**                    max temperature: 1.5
**
*NODE, NSET=Nall
       1,-1.000000000000e+00,0.000000000000e+00,0.000000000000e+00
～中略～
     320,4.903926402016e-01,9.754516100806e-02,1.000000000000e-01
*ELEMENT, TYPE=F3D8, ELSET=Eall
     1,      1,      2,      3,      4,      5,      6,      7,      8
～中略～
   128,    317,    183,    186,    318,    319,    187,    190,    320
*NSET,NSET=Nwallin
17,
18,
29,
～中略～
309,
319,
*NSET,NSET=Nwallout
1,
～中略～
311,
*EQUATION
2                                                          ** 前半部
3,1,-1.000000000000,2,1,1.000000000000
*EQUATION
2
3,2,-1.000000000000,2,2,1.000000000000
～中略～
320,1,-1.000000000000,319,1,1.000000000000
*EQUATION
2
320,2,-1.000000000000,319,2,1.000000000000         ** 前半部(ここまで)
*EQUATION
2                                                          ** 後半部
3,11,-1.000000000000,2,11,1.000000000000
～中略～
*EQUATION
2
320,11,-1.000000000000,319,11,1.000000000000     ** 後半部(ここまで)
*TRANSFORM,TYPE=C,NSET=Nall
```

```
0.,0.,0.,0.,0.,1.
```

マテリアルWATERの物性値を定義しています。DENSITYは密度、FLUID CONSTANTSは順に、一定圧力下の比熱（Specific heat at constant pressure）と粘性係数（Dynamic viscosity）です。3つ目の温度は省略可能です。圧縮性流体解析や熱流体解析の場合は、温度の指定が必要です。紛らわしいですが、動粘性係数（動粘度）は、Kinematic viscosityです。最後のCONDUCTIVITYは熱伝導率です。

リスト3.4: CalculiXのマニュアルより

```
Example:
 *FLUID CONSTANTS
 1.032E9,71.1E-13,100.

 defines the specific heat and dynamic viscosity for air at 100 K
 in a unit system using N, mm, s and K:
 cp = 1.032 × 10^9 mm^2/s^2K
 and μ  = 71.1 × 10^(−13) Ns/mm^2.

100Kの空気の比熱と粘性係数の定義。単位は、N、mm、s、K。比熱cp = 1.032×10^9 [mm^2/s^2K]、粘
性係数μ  = 71.1 × 10^(−13) [Ns/mm^2].

※  μの単位の次元が、動粘性係数でなく粘性係数になっているのを確認してください。
※  上付文字が使用できないため、累乗を示す数字が通常のサイズになっているのに注意してください。
```

リスト3.5: coucyl.inp-2

```
*MATERIAL,NAME=WATER
*DENSITY
1.
*FLUID CONSTANTS
1.,1.
*CONDUCTIVITY
1.
```

セクションの指定（*SOLID SECTION)。1Dネットワーク要素でなく3Dの要素という意味で、"*SOLID SECTION"なのでしょう。"SOLID"を固体だと思うと、つい"FLUID"と入力したくなります。

初期値の速度の指定（*INITIAL CONDITIONS)。各行の"**"は説明用に追記したもので、そのように*.inpの内容を記載しても動作しないかもしれません。

計算ステップ（*STEP,INCF=5000)。INCFはインクリメント最大値。

定常非圧縮性層流の流体計算（*CFD,STEADY STATE)。パラメータCOMPRESSIBLEが記載されていないため、（デフォルトの）非圧縮性になります。パラメータTURBULENCEMODELが記載

されていないため、（デフォルトの）層流モデルでの計算になります。２行目は、順に、初期時間インクリメント、ステップの時間間隔（デフォルトは1）、許容最小時間インクリメント、許容最大時間インクリメント、CFD問題のセーフティファクターCFD問題のセーフティファクターです。記載されていないときはデフォルトの値が採用されます。

表3.1: パラメータの説明

２行目のパラメータ	説明
初期時間インクリメント	デフォルトは1。１行目のパラメーターにDIRECTが指定されていない場合、計算途中で、この値は自動インクリメントによって変更されます。パラメーターDIRECTの指定の有無に関わらず、最初のインクリメントは指定した値となります。
ステップの時間間隔	デフォルトは1。計算終了までの時間です。
許容最小時間インクリメント	DIRECTが指定されていない場合のみ有効。デフォルトは、初期時間インクリメントまたはステップの時間間隔の1.e-5倍のうちのどちらか小さいほう。
許容最大時間インクリメント	デフォルトは1.e+30。DIRECTが指定されていない場合のみ有効。
セーフティファクター	デフォルトは1.25。ユーザーが指定する場合はこれより大きな値にしてください。時間増分を除算する、対流特性と拡散特性に基づいて計算された安全係数。

リスト3.6: coucyl.inp-3

```
*SOLID SECTION,ELSET=Eall,MATERIAL=WATER
*INITIAL CONDITIONS,TYPE=PRESSURE
Nall,1.                    ** 圧力 = 1.
*INITIAL CONDITIONS,TYPE=FLUID VELOCITY
Nall,1,0.                  ** X方向の速度成分 = 0.
Nall,2,0.                  ** Y方向の速度成分 = 0.
Nall,3,0.                  ** Z方向の速度成分 = 0.
*INITIAL CONDITIONS,TYPE=TEMPERATURE
Nall,1.                    ** 温度 = 1.
*NSET,NSET=Nrad
187,183,179,175,171
*STEP,INCF=5000
*CFD,STEADY STATE
```

境界条件の指定（*BOUNDARY）。各行の"**"は説明用に追記したもので、そのように*.inpの内容を記載しても動作しないかもしれません。

出力の指定（*NODE PRINT、*NODE fileなど）。前述の説明の通り。ノードセットNradは*.datファイルへの出力のために必要だったと判ります。

リスト3.7: cou2d.inp-4

```
*BOUNDARY
Nall,3,3,0.              ** Z方向の速度成分 = 0.
Nwallin,1,1,0.           ** X方向の速度成分 = 0.
Nwallin,2,2,2.           ** Y方向の速度成分 = 2.
Nwallin,8,8,1.           ** 圧力 = 1.(流体解析のみ)
Nwallin,11,11,1.         ** 温度 = 1.
Nwallout,1,1,0.          ** X方向の速度成分 = 0.
Nwallout,2,2,1.          ** Y方向の速度成分 = 1.
Nwallout,11,11,1.        ** 温度 = 1.
*NODE PRINT,FREQUENCYF=5000,NSET=Nrad,GLOBAL=YES
VF,PSF,TSF               ** それぞれ、流速、静圧、静温。
*NODE FILE
VF,PSF,TSF               ** それぞれ、流速、静圧、静温。
*END STEP
```

第4章　coucylcent

本章では、基本テストの中のcoucylcentケースについて説明します。

4.1　境界条件

Nwallinは内側の面、Nwalloutは外側の面、Nradは半径方向です。ノードセットNwallinとNwalloutは、+Z側と-Z側の両方のノードが含まれています。ノードセットNradだけが、-Z側のノードのみです。

図4.1: NodeSets:Nwallin

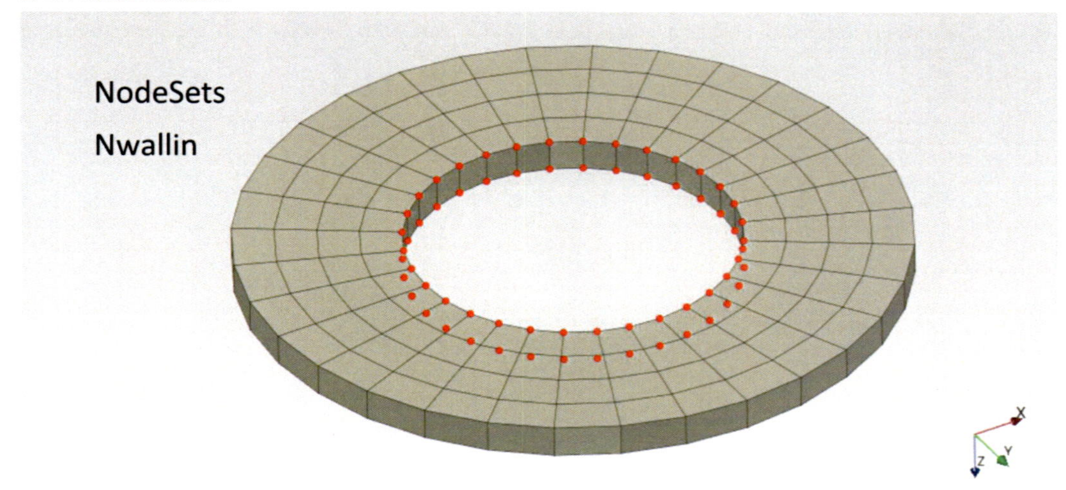

図 4.2: NodeSets:Nwallout

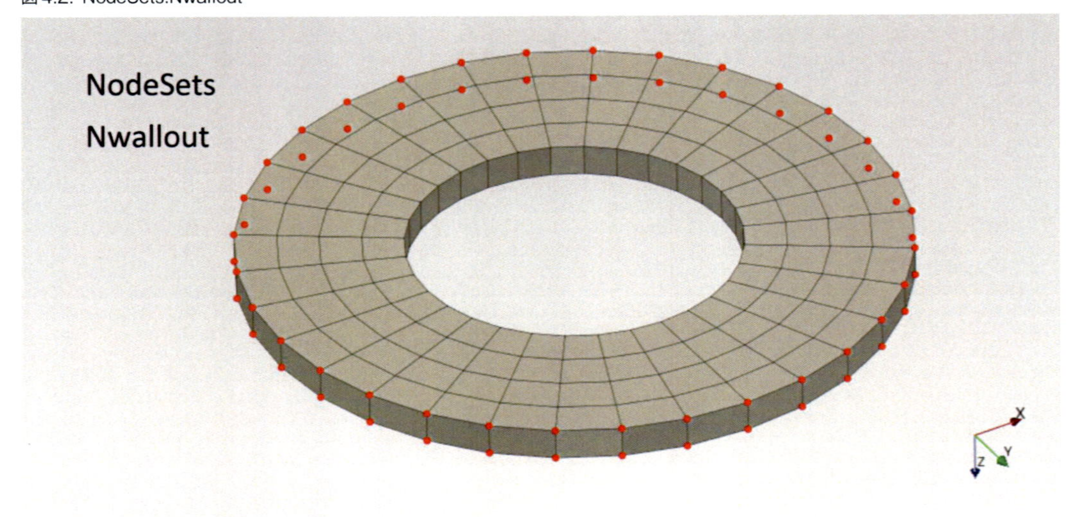

図 4.3: NodeSets:Nrad

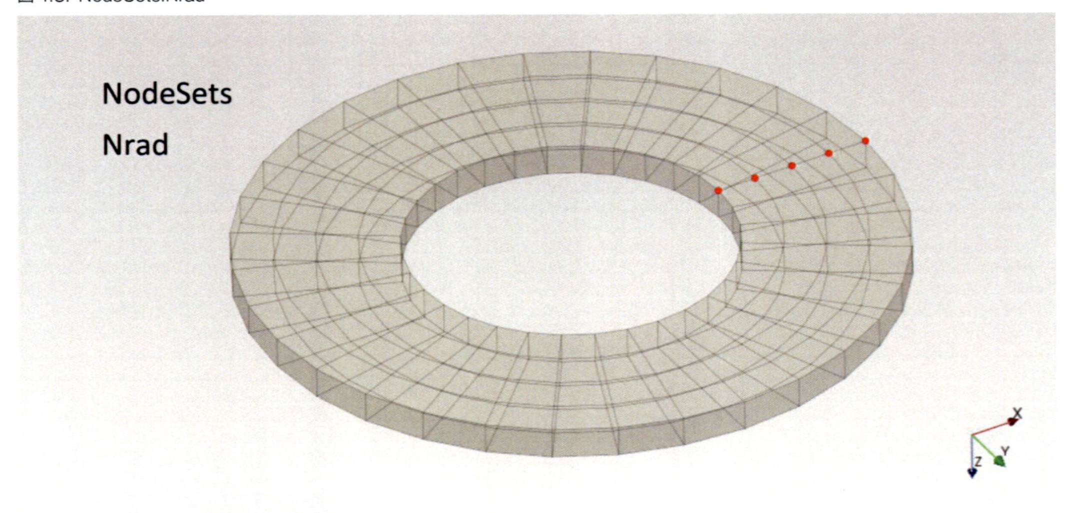

4.2 計算結果

PSは静圧で、TSは静温（通常の温度）で、3DFは3D-Fluidのことです。PS3DFとTS3DFの変数名はそれぞれPSFとTSFです。FPSは静圧で、TSは静温（通常の温度）で、3DFは3D-Fluidのことです。PS3DFとTS3DFの変数名はそれぞれPSFとTSFです。V3DFは3D流体要素の流速ベクトルで、その変数名はVFです。構造解析の動解析のときの速度はVELOで、その変数名はVです。図4.6は流速の大きさを表示しています。

図 4.4: PS3DF：静圧

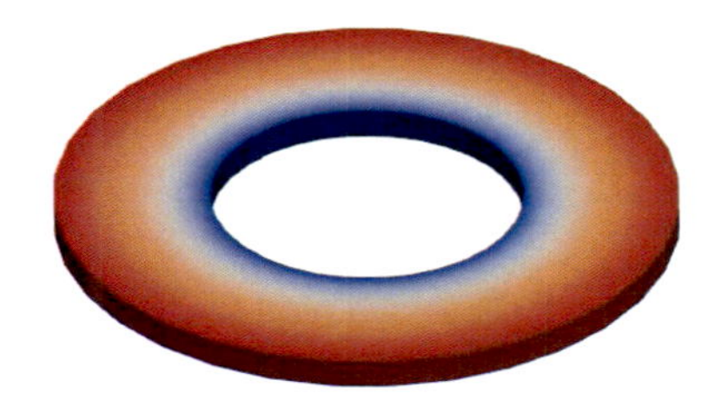

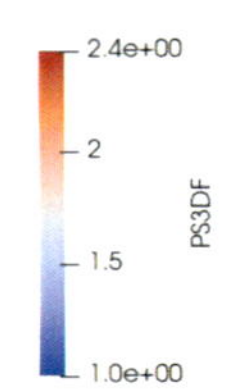

図 4.5: TS3DF：温度

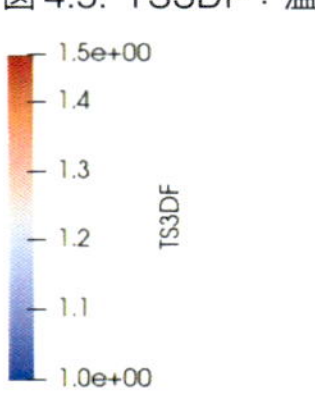

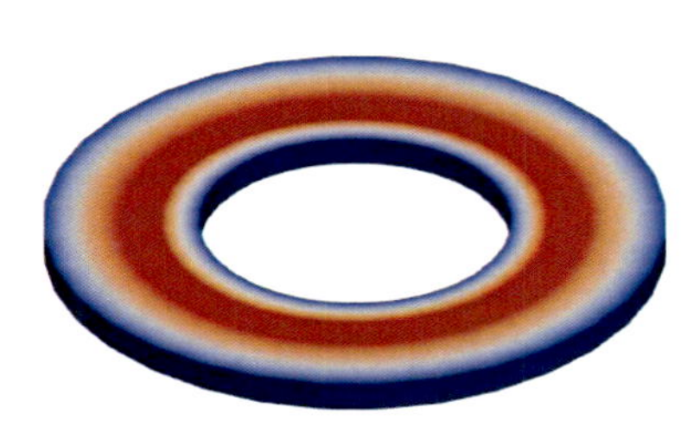

図 4.6: V3DF：速度

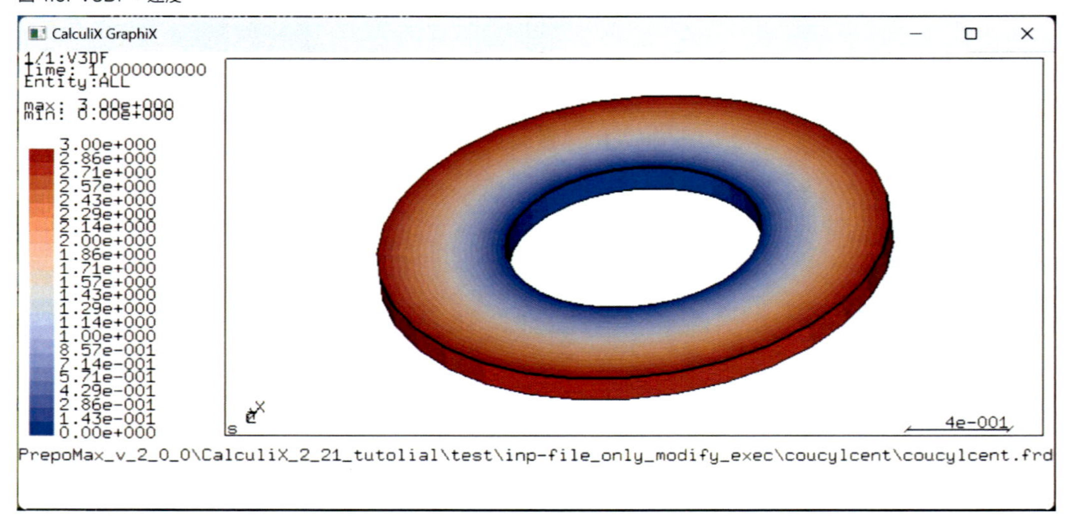

4.3 coucylcent.inp

全体のノードの定義をし、全体の要素の定義をしたのちに、ノードセット Nwallin、Nwallout の定義をしています。ノードセット Nrad の定義は、あとで出てきます。

座標系の変更（*TRANSFORM）。

リスト 4.1: CalculiX のマニュアルより

```
Example:
 *TRANSFORM,NSET=No1,TYPE=R
 0.,1.,0.,0.,0.,1.

 assigns a new rectangular coordinate system to the nodes belonging
to (node) set No1. The x- and the y-axes in the local system are
the y- and z-axes in the global system.

(ノード)セット No1 に属するノードに新しい直交座標系を割り当てます。ローカル座標系のx'軸とy'軸は、
グローバル座標系のy 軸とz軸になります。

※  TYPEに指定できるものは、今のところ、R（デフォルト；rectangular）とC（cylindrical）のみです。

※  2行目の6個のパラメーターは、それぞれ、グローバル座標系でのa点の座標（Xa,Ya,Za)、b点の座標
(Xb,Yb,Zb) です。

ローカル直交座標系を選択したときは、原点と点aを結ぶベクトルがX'軸、点bはX'Y'平面上の点です。マ
```

ニュアルの図から類推すると、原点と点aを結ぶベクトルと原点と点bを結ぶベクトルが直交していなくても、ローカル直交座標系のX'軸とY'軸は直交し、ローカル直交座標系のZ'軸はX'Y'平面と直交すると思われます。ローカル円筒座標系を選択したときは、始点aと終点bを結ぶベクトルが、Z'軸（ローカル円筒座標系の軸）になります。マニュアルの図から類推すると、点aと点bの中点がローカル円筒座標系の原点になると思われます。

リスト4.1の記載から、*.inpファイルでグローバル座標系のZ軸をローカル円筒座標系のZ軸にしているのが判ります。以後、座標系は、X→R、Y→θ、Z→Z　の意味になります。

リスト4.2: coucylcent.inp-1

```
**
**   Structure: 2d Couette incompressible concentric fluid flow
**              in a rotating coordinate system
**   Test objective: CFD Finite Element Method
**                   inner wall: tangential velocity 0, temperature 1.
**                   outer wall: tangential velocity -3, temperature 1.
**                   centrifugal speed: 4 rad/s
**                   should give the same pressure and temperature
**                   distribution as example couettecyl
**   Analytical solution: v proportional to 1/r
**                        T (r=0.75) = 1.467
**                        p difference inner/outer wall = 1.5
**
*NODE, NSET=Nall
       1,-1.000000000000e+00,0.000000000000e+00,0.000000000000e+00
～中略～
     320,4.903926402016e-01,9.754516100806e-02,1.000000000000e-01
*ELEMENT, TYPE=F3D8, ELSET=Eall
     1,      1,      2,      3,      4,      5,      6,      7,      8
～中略～
   128,    317,    183,    186,    318,    319,    187,    190,    320
*NSET,NSET=Nwallin
17,
18,
19,
20,
29,
30,
～中略～
309,
310,
```

```
319,
320,
*NSET,NSET=Nwallout
151,
152,
1,
～中略～
301,
302,
311,
312,
*TRANSFORM,TYPE=C,NSET=Nall
0.,0.,0.,0.,0.,1.
```

マテリアルWATERの物性値を定義しています。DENSITYは密度、FLUID CONSTANTSは順に、一定圧力下の比熱（Specific heat at constant pressure）と粘性係数（Dynamic viscosity）です。3つ目の温度は省略可能です。圧縮性流体解析や熱流体解析の場合は、温度の指定が必要です。紛らわしいですが、動粘性係数（動粘度）は、Kinematic viscosityです。最後のCONDUCTIVITYは熱伝導率です。

リスト4.3: CalculiXのマニュアルより

```
Example:
 *FLUID CONSTANTS
 1.032E9,71.1E-13,100.

 defines the specific heat and dynamic viscosity for air at 100 K
 in a unit system using N, mm, s and K:
 cp = 1.032 × 10^9 mm^2/s^2K
 and μ  = 71.1 × 10^(−13) Ns/mm^2.

100Kの空気の比熱と粘性係数の定義。単位は、N、mm、s、K。比熱cp = 1.032×10^9 [mm^2/s^2K]、粘性係数μ  = 71.1 × 10^(−13) [Ns/mm^2].

※  μの単位の次元が、動粘性係数でなく粘性係数になっているのを確認してください。
※  上付文字が使用できないため、累乗を示す数字が通常のサイズになっているのに注意してください。
```

リスト4.4: coucylcent.inp-2

```
*MATERIAL,NAME=WATER
*DENSITY
1.
*FLUID CONSTANTS
```

```
1.,1.
*CONDUCTIVITY
1.
```

セクションの指定（*SOLID SECTION）。1Dネットワーク要素でなく3Dの要素という意味で、"*SOLID SECTION"なのでしょう。"SOLID"を固体だと思うと、つい"FLUID"と入力したくなります。

初期値の速度の指定（*INITIAL CONDITIONS）。各行の"**"は説明用に追記したもので、そのように*.inpの内容を記載しても動作しないかもしれません。

計算ステップ（*STEP,INCF=5000）。INCFはインクリメント最大値。

定常非圧縮性層流の流体計算（*CFD,STEADY STATE）。パラメータCOMPRESSIBLEが記載されていないため、（デフォルトの）非圧縮性になります。パラメータTURBULENCEMODELが記載されていないため、（デフォルトの）層流モデルでの計算になります。２行目は、順に、初期時間インクリメント、ステップの時間間隔（デフォルトは1）、許容最小時間インクリメント、許容最大時間インクリメント、CFD問題のセーフティファクターです。記載されていないときはデフォルトの値が採用されます。

表4.1: パラメータの説明

２行目のパラメータ	説明
初期時間インクリメント	デフォルトは1。１行目のパラメーターにDIRECTが指定されていない場合、計算途中で、この値は自動インクリメントによって変更されます。パラメーターDIRECTの指定の有無に関わらず、最初のインクリメントは指定した値となります。
ステップの時間間隔	デフォルトは1。計算終了までの時間です。
許容最小時間インクリメント	DIRECTが指定されていない場合のみ有効。デフォルトは、初期時間インクリメントまたはステップの時間間隔の1.e-5倍のうちのどちらか小さいほう。
許容最大時間インクリメント	デフォルトは1.e+30。DIRECTが指定されていない場合のみ有効。
セーフティファクター	デフォルトは1.25。ユーザーが指定する場合はこれより大きな値にしてください。時間増分を除算する、対流特性と拡散特性に基づいて計算された安全係数。

リスト4.5: coucylcent.inp-3

```
*SOLID SECTION,ELSET=Eall,MATERIAL=WATER
*INITIAL CONDITIONS,TYPE=PRESSURE
Nall,1.                 ** 圧力 = 1.
*INITIAL CONDITIONS,TYPE=FLUID VELOCITY
Nall,1,0.               ** X方向の速度成分 = 0.
Nall,2,0.               ** Y方向の速度成分 = 0.
Nall,3,0.               ** Z方向の速度成分 = 0.
```

```
*INITIAL CONDITIONS,TYPE=TEMPERATURE
Nall,1.                   ** 温度 = 1.
*NSET,NSET=Nrad
187,183,179,175,171
*STEP,INCF=5000
*CFD,STEADY STATE
```

分布荷重の指定（*DLOAD）。CENTRIFを指定しているため遠心力の設定です。CENTRIFのあとの7個の数値は、それぞれ、角速度（ω）の２乗、回転軸上の或る1点の座標1、回転軸上の或る1点の座標2、回転軸上の或る1点の座標3、回転軸上の単位方向ベクトルの成分1、回転軸上の単位方向ベクトルの成分2、回転軸上の単位方向ベクトルの成分3　です。

境界条件の指定（*BOUNDARY）。各行の"**"は説明用に追記したもので、そのように*.inpの内容を記載しても動作しないかもしれません。

出力の指定（*NODE PRINT、*NODE fileなど）。前述の説明の通り。ノードセットNradは*.datファイルへの出力のために必要だったと判ります。

リスト4.6: coucylcent.inp-4

```
*DLOAD
Eall,CENTRIF,16.,0.,0.,0.,0.,0.,1.
*BOUNDARY
Nall,3,3,0.               ** Z方向の速度成分 = 0.
Nwallin,1,1,0.            ** X方向の速度成分 = 0.
Nwallin,2,2,2.            ** Y方向の速度成分 = 2.
Nwallin,8,8,1.            ** 圧力 = 1.（流体解析のみ）
Nwallin,11,11,1.          ** 温度 = 1.
Nwallout,1,1,0.           ** X方向の速度成分 = 0.
Nwallout,2,2,-3.          ** Y方向の速度成分 = -3.
Nwallout,11,11,1.         ** 温度 = 1.
*NODE PRINT,FREQUENCYF=5000,NSET=Nrad,GLOBAL=YES
VF,PSF,TSF                ** それぞれ、流速、静圧、静温。
***NODE FILE
**VF,PSF,TSF
** ------ Addition ------
*NODE FILE
VF,PSF,TSF                ** それぞれ、流速、静圧、静温。
** ------ Addition ------(end)
*END STEP
```

第5章　coucylcent2

本章では、基本テストの中のcoucylcent2ケースについて説明します。

5.1　境界条件

Nwallinは内側の面、Nwalloutは外側の面、Nradは半径方向です。ノードセットNwallinとNwalloutは、+Z側と-Z側の両方のノードが含まれています。ノードセットNradだけが、-Z側のノードのみです。

図5.1: NodeSets:Nwallin

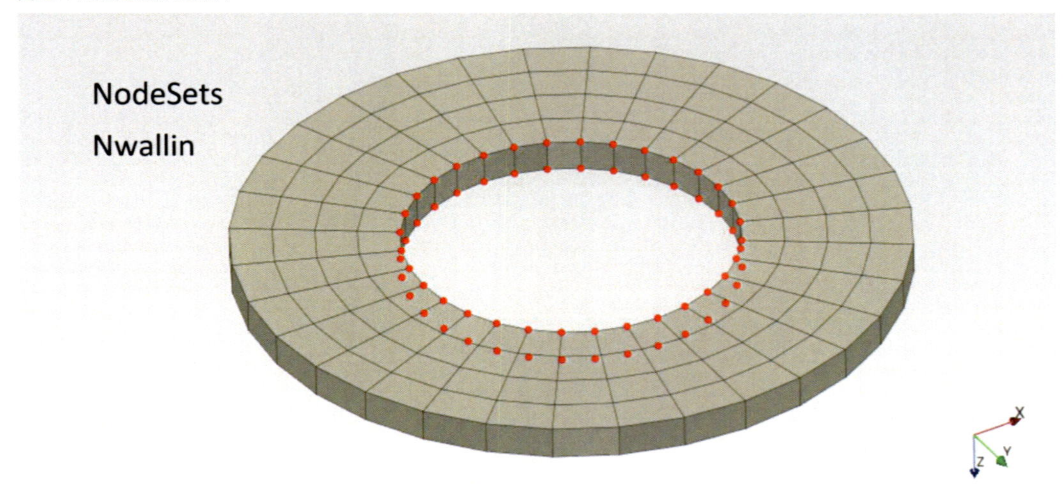

図 5.2: NodeSets:Nwallout

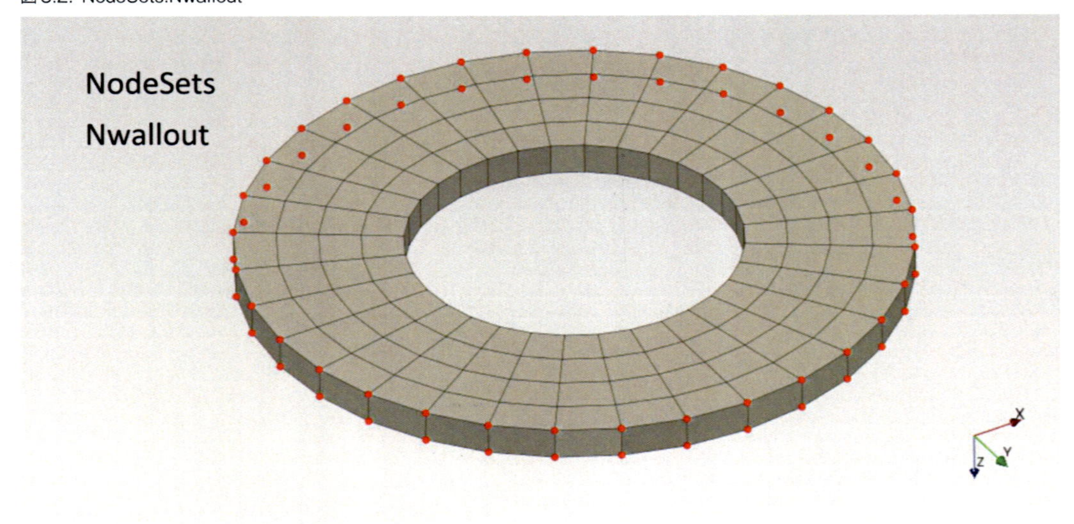

図 5.3: NodeSets:Nrad

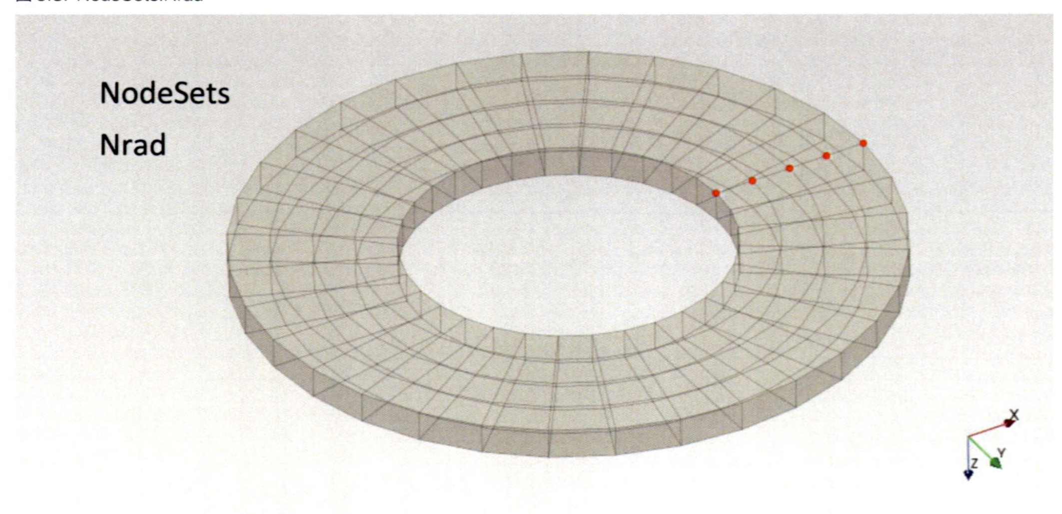

5.2 計算結果

PSは静圧で、TSは静温（通常の温度）で、3DFは3D-Fluidのことです。PS3DFとTS3DFの変数名はそれぞれPSFとTSFです。V3DFは3D流体要素の流速ベクトルで、その変数名はVFです。構造解析の動解析のときの速度はVELOで、その変数名はVです。図5.6は流速の大きさを表示しています。

図 5.4: PS3DF：静圧

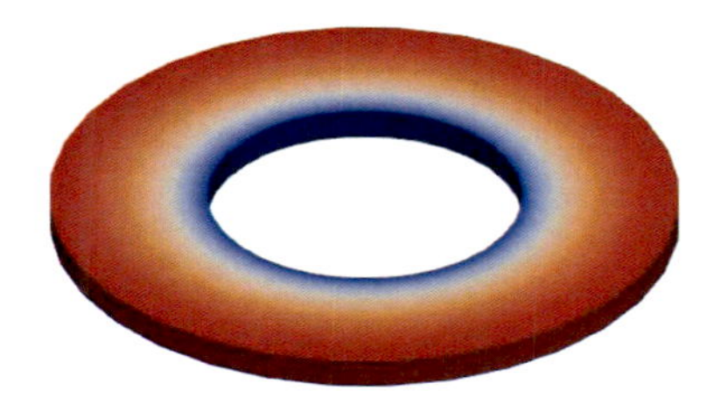

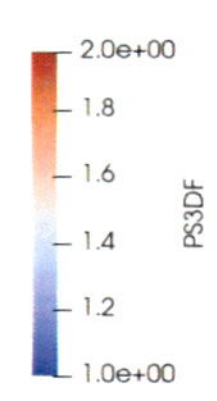

図 5.5: TS3DF：温度

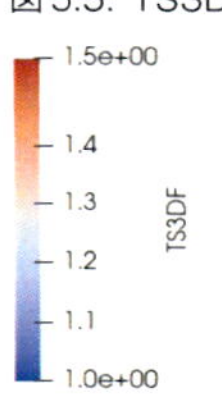

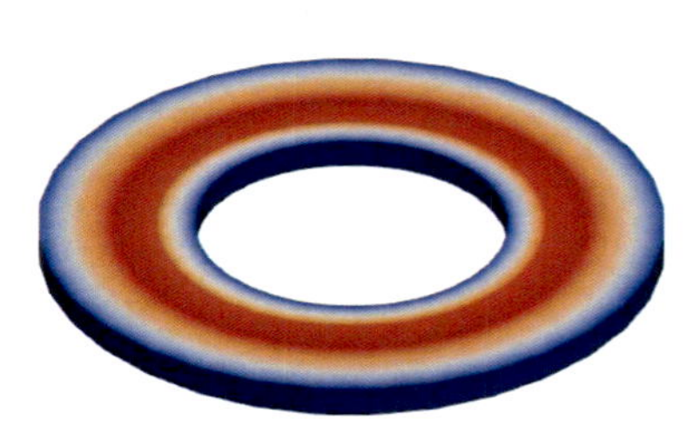

図5.6: V3DF：速度

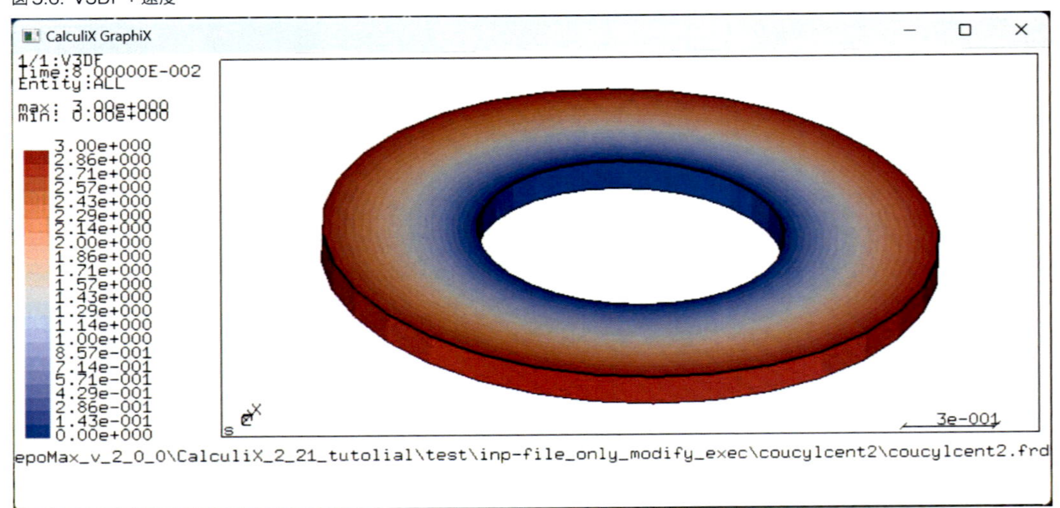

5.3　coucylcent2.inp

全体のノードの定義をし、全体の要素の定義をしたのちに、ノードセットNwallin、Nwalloutの定義をしています。ノードセットNradの定義は、あとで出てきます。

座標系の変更（*TRANSFORM）。

リスト5.1: CalculiXのマニュアルより

```
Example:
 *TRANSFORM,NSET=No1,TYPE=R
 0.,1.,0.,0.,0.,1.

 assigns a new rectangular coordinate system to the nodes belonging
to (node) set No1. The x- and the y-axes in the local system are
the y- and z-axes in the global system.

(ノード) セットNo1に属するノードに新しい直交座標系を割り当てます。ローカル座標系のx'軸とy'軸は、グローバル座標系のy 軸とz軸になります。

※　TYPEに指定できるものは、今のところ、R (デフォルト；rectangular) とC (cylindrical) のみです。

※　2行目の6個のパラメーターは、それぞれ、グローバル座標系でのa点の座標 (Xa,Ya,Za)、b点の座標(Xb,Yb,Zb) です。

ローカル直交座標系を選択したときは、原点と点aを結ぶベクトルがX'軸、点bはX'Y'平面上の点です。マ
```

ニュアルの図から類推すると、原点と点aを結ぶベクトルと原点と点bを結ぶベクトルが直交していなくても、ローカル直交座標系のX'軸とY'軸は直交し、ローカル直交座標系のZ'軸はX'Y'平面と直交すると思われます。ローカル円筒座標系を選択したときは、始点aと終点bを結ぶベクトルが、Z'軸（ローカル円筒座標系の軸）になります。マニュアルの図から類推すると、点aと点bの中点がローカル円筒座標系の原点になると思われます。

リスト5.1の記載から、*.inpファイルでグローバル座標系のZ軸をローカル円筒座標系のZ軸にしているのが判ります。以後、座標系は、X→R、Y→θ、Z→Z　の意味になります。

リスト5.2: coucylcent2.inp-1

```
**
**   Structure: 2d Couette incompressible concentric fluid flow
**              in a rotating coordinate system
**   Test objective: CFD Finite Element Method
**                   inner wall: tangential velocity 0, temperature 1.
**                   outer wall: tangential velocity -3, temperature 1.
**                   linearly increasing centrifugal loading (amplitude)
**                   transient calculation
**
**
*NODE, NSET=Nall
       1,-1.000000000000e+00,0.000000000000e+00,0.000000000000e+00
～中略～
     320,4.903926402016e-01,9.754516100806e-02,1.000000000000e-01
*ELEMENT, TYPE=F3D8, ELSET=Eall
     1,      1,      2,      3,      4,      5,      6,      7,      8
～中略～
   128,    317,    183,    186,    318,    319,    187,    190,    320
*NSET,NSET=Nwallin
17,
18,
19,
20,
29,
30,
～中略～
309,
310,
319,
320,
*NSET,NSET=Nwallout
```

```
151,
152,
1,
～中略～
301,
302,
311,
312,
*TRANSFORM,TYPE=C,NSET=Nall
0.,0.,0.,0.,0.,1.
```

マテリアルWATERの物性値を定義しています。DENSITYは密度、FLUID CONSTANTSは順に、一定圧力下の比熱（Specific heat at constant pressure）と粘性係数（Dynamic viscosity）です。3つ目の温度は省略可能です。圧縮性流体解析や熱流体解析の場合は、温度の指定が必要です。紛らわしいですが、動粘性係数（動粘度）は、Kinematic viscosityです。最後のCONDUCTIVITYは熱伝導率です。

リスト5.3: CalculiXのマニュアルより

```
Example:
 *FLUID CONSTANTS
 1.032E9,71.1E-13,100.

 defines the specific heat and dynamic viscosity for air at 100 K
 in a unit system using N, mm, s and K:
 cp = 1.032 × 10^9 mm^2/s^2K
 and μ  = 71.1 × 10^(−13) Ns/mm^2.

100Kの空気の比熱と粘性係数の定義。単位は、N、mm、s、K。比熱cp = 1.032×10^9 [mm^2/s^2K]、粘性係数μ  = 71.1 × 10^(−13) [Ns/mm^2].

※  μの単位の次元が、動粘性係数でなく粘性係数になっているのを確認してください。
※  上付文字が使用できないため、累乗を示す数字が通常のサイズになっているのに注意してください。
```

リスト5.4: coucylcent2.inp-2

```
*MATERIAL,NAME=WATER
*DENSITY
1.
*FLUID CONSTANTS
1.,1.
*CONDUCTIVITY
1.
```

セクションの指定（*SOLID SECTION）。1Dネットワーク要素でなく3Dの要素という意味で、"*SOLID SECTION"なのでしょう。"SOLID"を固体だと思うと、つい"FLUID"と入力したくなります。

初期値の速度の指定（*INITIAL CONDITIONS）。各行の"**"は説明用に追記したもので、そのように*.inpの内容を記載しても動作しないかもしれません。

計算ステップ（*STEP,INCF=5000）。INCFはインクリメント最大値。

非定常非圧縮性層流の流体計算（*CFD）。前章と異なり、パラメータSTEADY STATEが記載されていないため、非定常計算となります。また、パラメータCOMPRESSIBLEが記載されていないため、（デフォルトの）非圧縮性になります。パラメータTURBULENCEMODELが記載されていないため、（デフォルトの）層流モデルでの計算になります。２行目は、順に、初期時間インクリメント、ステップの時間間隔（デフォルトは1）、許容最小時間インクリメント、許容最大時間インクリメント、CFD問題のセーフティファクターです。記載されていないときはデフォルトの値が採用されます。

表5.1: パラメータの説明

２行目のパラメータ	説明
初期時間インクリメント	デフォルトは1。１行目のパラメーターにDIRECTが指定されていない場合、計算途中で、この値は自動インクリメントによって変更されます。パラメーターDIRECTの指定の有無に関わらず、最初のインクリメントは指定した値となります。
ステップの時間間隔	デフォルトは1。計算終了までの時間です。
許容最小時間インクリメント	DIRECTが指定されていない場合のみ有効。デフォルトは、初期時間インクリメントまたはステップの時間間隔の1.e-5倍のうちのどちらか小さいほう。
許容最大時間インクリメント	デフォルトは1.e+30。DIRECTが指定されていない場合のみ有効。
セーフティファクター	デフォルトは1.25。ユーザーが指定する場合はこれより大きな値にしてください。時間増分を除算する、対流特性と拡散特性に基づいて計算された安全係数。

リスト5.5: coucylcent2.inp-3

```
*SOLID SECTION,ELSET=Eall,MATERIAL=WATER
*INITIAL CONDITIONS,TYPE=PRESSURE
Nall,1.                  ** 圧力 = 1.
*INITIAL CONDITIONS,TYPE=FLUID VELOCITY
Nall,1,0.                ** X方向の速度成分 = 0.
Nall,2,0.                ** Y方向の速度成分 = 0.
Nall,3,0.                ** Z方向の速度成分 = 0.
*INITIAL CONDITIONS,TYPE=TEMPERATURE
Nall,1.                  ** 温度 = 1.
*NSET,NSET=Nrad
```

```
187,183,179,175,171
*STEP,INCF=5000
*CFD
.08,0.08
```

分布荷重の指定（*DLOAD）。CENTRIFを指定しているため遠心力の設定です。CENTRIFのあとの7個の数値は、それぞれ、角速度（ω）の２乗、回転軸上の或る1点の座標1、回転軸上の或る1点の座標2、回転軸上の或る1点の座標3、回転軸上の単位方向ベクトルの成分1、回転軸上の単位方向ベクトルの成分2、回転軸上の単位方向ベクトルの成分3です。

境界条件の指定（*BOUNDARY）。各行の"**"は説明用に追記したもので、そのように*.inpの内容を記載しても動作しないかもしれません。

出力の指定（*NODE PRINT、*NODE fileなど）。前述の説明の通り。ノードセットNradは*.datファイルへの出力のために必要だったと判ります。

リスト5.6: coucylcent2.inp-4

```
*DLOAD
Eall,CENTRIF,16.,0.,0.,0.,0.,0.,1.
*BOUNDARY
Nall,3,3,0.             ** Z方向の速度成分 = 0.
Nwallin,1,1,0.          ** X方向の速度成分 = 0.
Nwallin,2,2,2.          ** Y方向の速度成分 = 2.
Nwallin,8,8,1.          ** 圧力 = 1.(流体解析のみ)
Nwallin,11,11,1.        ** 温度 = 1.
Nwallout,1,1,0.         ** X方向の速度成分 = 0.
Nwallout,2,2,-3.        ** Y方向の速度成分 = -3.
Nwallout,11,11,1.       ** 温度 = 1.
*NODE PRINT,FREQUENCYF=5000,NSET=Nrad,GLOBAL=YES
VF,PSF,TSF              ** それぞれ、流速、静圧、静温。
** ------ Addition ------
*NODE FILE
VF,PSF,TSF              ** それぞれ、流速、静圧、静温。
** ------ Addition ------(end)
*END STEP
```

第6章　coucylcentcomp

本章では、基本テストの中のcoucylcentcompケースについて説明します。

6.1　境界条件

Nwallinは内側の面、Nwalloutは外側の面、Nradは半径方向です。ノードセットNwallinとNwalloutは、+Z側と-Z側の両方のノードが含まれています。ノードセットNradだけが、-Z側のノードのみです。

図6.1: NodeSets:Nwallin

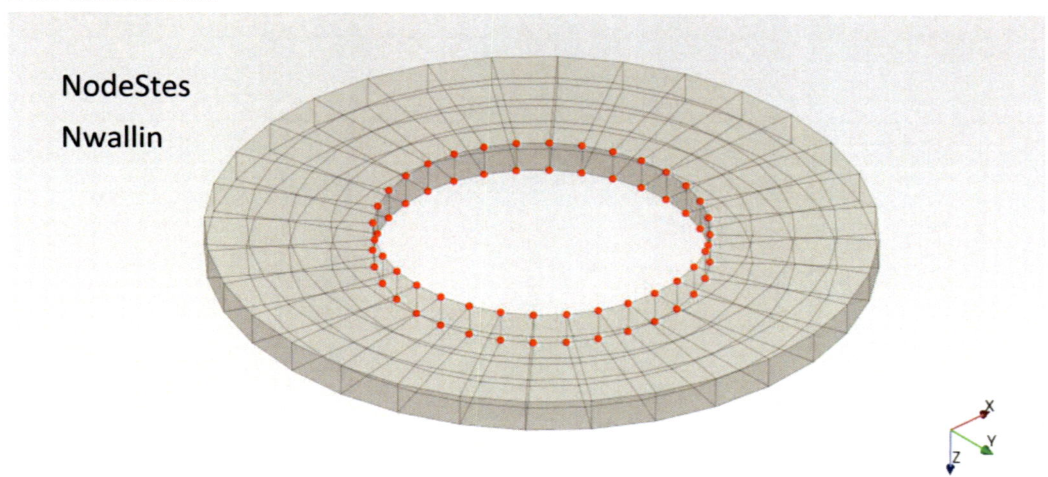

図 6.2: NodeSets:Nwallout

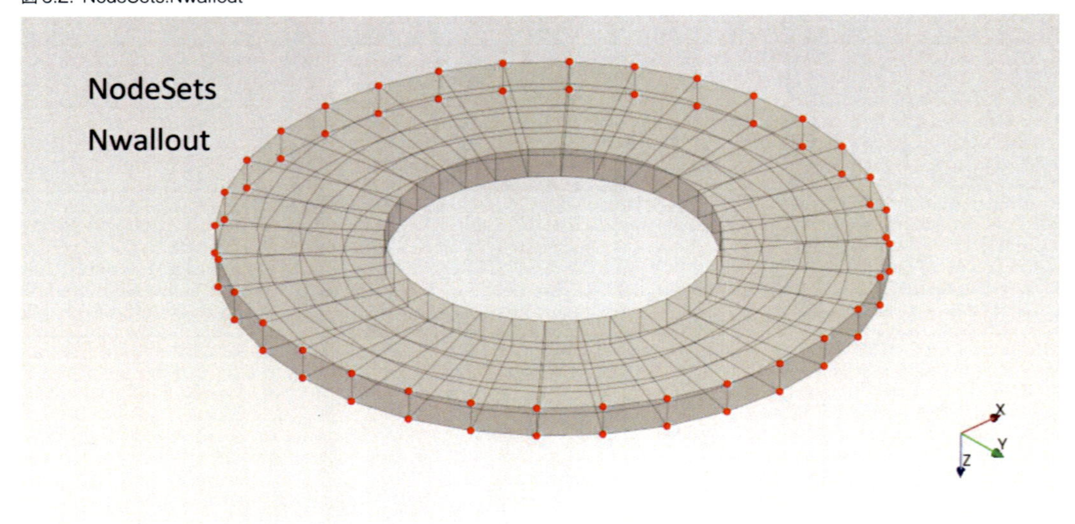

図 6.3: NodeSets:Nrad

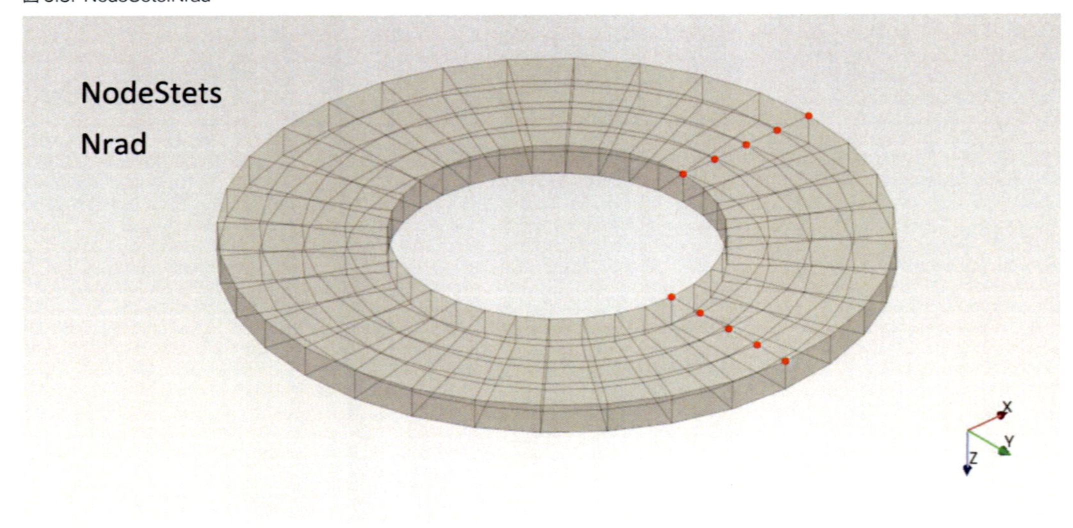

6.2 計算結果

PSは静圧で、TSは静温（通常の温度）で、3DFは3D-Fluidのことです。PS3DFとTS3DFの変数名はそれぞれPSFとTSFです。V3DFは3D流体要素の流速ベクトルで、その変数名はVFです。構造解析の動解析のときの速度はVELOで、その変数名はVです。図6.6は流速の大きさを表示しています。

図6.4: PS3DF：静圧

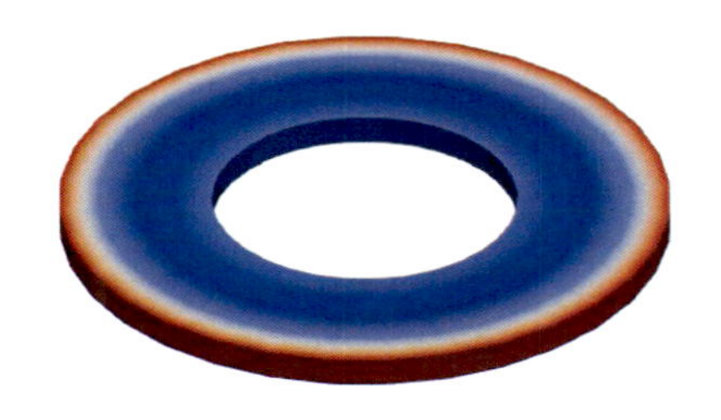

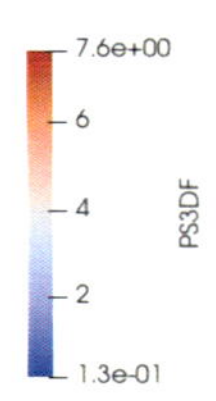

図6.5: TS3DF：温度

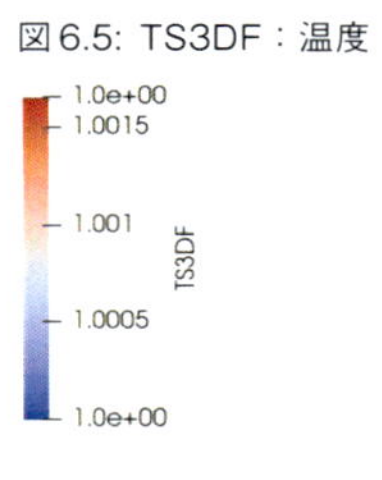

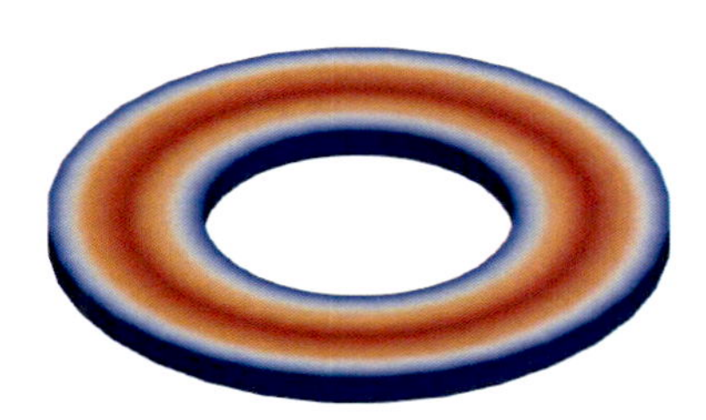

図6.6: V3DF：速度

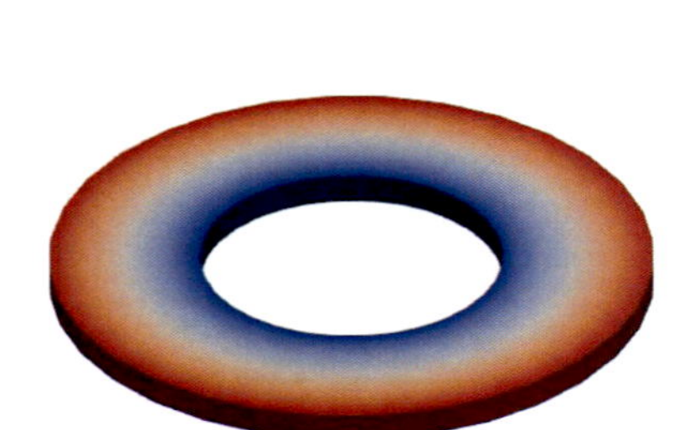

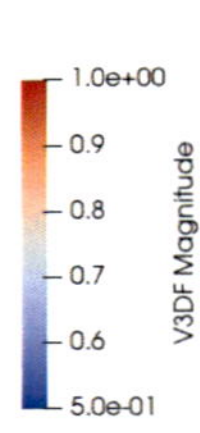

6.3 coucylcentcomp.inp

全体のノードの定義をし、全体の要素の定義をしたのちに、ノードセットNwallin、Nwalloutの定義をしています。ノードセットNradの定義は、あとで出てきます。

座標系の変更（*TRANSFORM)。

リスト6.1: CalculiXのマニュアルより

```
Example:
 *TRANSFORM,NSET=No1,TYPE=R
 0.,1.,0.,0.,0.,1.

 assigns a new rectangular coordinate system to the nodes belonging
to (node) set No1. The x- and the y-axes in the local system are
the y- and z-axes in the global system.

(ノード)セット No1 に属するノードに新しい直交座標系を割り当てます。ローカル座標系のx'軸とy'軸は、
グローバル座標系のy 軸とz軸になります。

※  TYPEに指定できるものは、今のところ、R (デフォルト;rectangular) とC (cylindrical) のみです。

※  2行目の6個のパラメーターは、それぞれ、グローバル座標系でのa点の座標(Xa,Ya,Za)、b点の座標
(Xb,Yb,Zb)です。

ローカル直交座標系を選択したときは、原点と点aを結ぶベクトルがX'軸、点bはX'Y'平面上の点です。マ
```

ニュアルの図から類推すると、原点と点aを結ぶベクトルと原点と点bを結ぶベクトルが直交していなくても、ローカル直交座標系のX'軸とY'軸は直交し、ローカル直交座標系のZ'軸はX'Y'平面と直交すると思われます。ローカル円筒座標系を選択したときは、始点aと終点bを結ぶベクトルが、Z'軸（ローカル円筒座標系の軸）になります。マニュアルの図から類推すると、点aと点bの中点がローカル円筒座標系の原点になると思われます。

リスト6.1の記載から、*.inpファイルでグローバル座標系のZ軸をローカル円筒座標系のZ軸にしているのが判ります。以後、座標系は、X→R、Y→θ、Z→Z　の意味になります。

リスト6.2: coucylcentcomp.inp-1

```
**
**   Structure: fluid flow between two cylinders.
**   Test objective: compressible Couette flow with fixed
**                   wall temperature.
**                   velocity at the inside: 0.5, temperature 1.
**                   velocity at the outside: 1., temperature 1.
**                   centrifugal force: 1 rad/s
**
*NODE, NSET=Nall
      1,-1.000000000000e+00,0.000000000000e+00,0.000000000000e+00
～中略～
    320,4.903926402016e-01,9.754516100806e-02,1.000000000000e-01
*ELEMENT, TYPE=F3D8, ELSET=Eall
    1,     1,     2,     3,     4,     5,     6,     7,     8
～中略～
   128,   317,   183,   186,   318,   319,   187,   190,   320
** Names based on wallin
*NSET,NSET=Nwallin
17,
18,
19,
20,
29,
30,
～中略～
309,
310,
319,
320,
** Names based on wallout
*NSET,NSET=Nwallout
```

```
151,
152,
1,
～中略～
301,
302,
311,
312,
*TRANSFORM,TYPE=C,NSET=Nall
0.,0.,0.,0.,0.,1.
```

マテリアルAIRの物性値を定義しています。DENSITYは密度ですが指定されていません。FLUID CONSTANTSは順に、一定圧力下の比熱（Specific heat at constant pressure）と粘性係数（Dynamic viscosity）です。3つ目の温度は省略可能です。圧縮性流体解析や熱流体解析の場合は、温度の指定が必要です。紛らわしいですが、動粘性係数（動粘度）は、Kinematic viscosityです。CONDUCTIVITYは熱伝導率です。SPECIFIC GAS CONSTANTは気体定数で、省略されたときはデフォルト値が採用されます。

リスト6.3: CalculiXのマニュアルより

```
Example:
 *FLUID CONSTANTS
 1.032E9,71.1E-13,100.

 defines the specific heat and dynamic viscosity for air at 100 K
 in a unit system using N, mm, s and K:
 cp = 1.032 × 10^9 mm^2/s^2K
 and μ  = 71.1 × 10^(−13) Ns/mm^2.

100Kの空気の比熱と粘性係数の定義。単位は、N、mm、s、K。比熱cp = 1.032×10^9 [mm^2/s^2K]、粘性係数μ  = 71.1 × 10^(−13) [Ns/mm^2].

※  μの単位の次元が、動粘性係数でなく粘性係数になっているのを確認してください。
※  上付文字が使用できないため、累乗を示す数字が通常のサイズになっているのに注意してください。

Example:
*SPECIFIC GAS CONSTANT
287.

defines a specific gas constant with a value of 287. This value
is appropriate for air if Joule is chosen for the unit of energy,
kg as unit of mass and K as unit of temperature,
```

```
i.e. R = 287 J/(kg K).

気体定数を287として定義している。単位について、エネルギーがJ、質量がkg、温度がKのとき、空気の気体定数は、R = 287 J/(kg K)です。
```

リスト6.4: coucylcentcomp.inp-2

```
*MATERIAL,NAME=AIR
*FLUID CONSTANTS
1.,1.,1.
*CONDUCTIVITY
1.
*SPECIFIC GAS CONSTANT
0.285714286d0
```

セクションの指定（*SOLID SECTION）。1Dネットワーク要素でなく3Dの要素という意味で、"*SOLID SECTION"なのでしょう。"SOLID"を固体だと思うと、つい"FLUID"と入力したくなります。

初期値の速度の指定（*INITIAL CONDITIONS）。各行の"**"は説明用に追記したもので、そのように*.inpの内容を記載しても動作しないかもしれません。

計算ステップ（*STEP,INCF=3000,SHOCK SMOOTHING=0.0）。INCFはインクリメント最大値。**SHOCK SMOOTHINGは圧縮性のときに必要**です。

リスト6.5: SHOCK SMOOTHINGの説明

```
計算中に衝撃波を平滑する係数で、0.0から2.0の間の値を取り、デフォルトは0.0です。係数の値が小さいと、計算結果がシャープになり計算精度が向上します。係数の値が大きいと、発散しにくくなりますが、計算結果が鈍り計算精度が低下します。計算が収束しないと、このパラメータの値は、前の値がゼロの場合は0.001 に、それ以外の値のときは2倍の値に自動的に増やされて、(場合によっては複数回) 計算が繰り返されます。したがって、最初は係数の値をゼロ (デフォルト) にして計算を行ない、収束性が悪いときは徐々に値を大きくしていくのが良いでしょう。
```

定常**圧縮性**層流の流体計算（*CFD,STEADY STATE,COMPRESSIBLE)。パラメータSTEADY STATEが記載されているため定常計算となります。パラメータCOMPRESSIBLEが記載されているため、圧縮性になります。パラメータTURBULENCEMODELが記載されていないため、（デフォルトの）層流モデルでの計算になります。２行目は、順に、初期時間インクリメント、ステップの時間間隔（デフォルトは1)、許容最小時間インクリメント、許容最大時間インクリメント、CFD問題のセーフティファクターです。省略されているときはデフォルト値が採用されます。

表6.1: パラメータの説明

２行目のパラメータ	説明
初期時間インクリメント	デフォルトは1。１行目のパラメーターにDIRECTが指定されていない場合、計算途中で、この値は自動インクリメントによって変更されます。パラメーターDIRECTの指定の有無に関わらず、最初のインクリメントは指定した値となります。
ステップの時間間隔	デフォルトは1。計算終了までの時間です。
許容最小時間インクリメント	DIRECTが指定されていない場合のみ有効。デフォルトは、初期時間インクリメントまたはステップの時間間隔の1.e-5倍のうちのどちらか小さいほう。
許容最大時間インクリメント	デフォルトは1.e+30。DIRECTが指定されていない場合のみ有効。
セーフティファクター	デフォルトは1.25。ユーザーが指定する場合はこれより大きな値にしてください。時間増分を除算する、対流特性と拡散特性に基づいて計算された安全係数。

リスト6.6: coucylcentcomp.inp-3

```
*SOLID SECTION,ELSET=Eall,MATERIAL=AIR
*INITIAL CONDITIONS,TYPE=PRESSURE
Nall,1.                  ** 圧力 = 1.
*INITIAL CONDITIONS,TYPE=FLUID VELOCITY
Nall,1,0.                ** X方向の速度成分 = 0.
Nall,2,0.                ** Y方向の速度成分 = 0.
Nall,3,0.                ** Z方向の速度成分 = 0.
*INITIAL CONDITIONS,TYPE=TEMPERATURE
Nall,1.                  ** 温度 = 1.
```

```
*NSET,NSET=Nrad
187,183,179,175,171,89,87,85,83,81


*STEP,INCF=3000,SHOCK SMOOTHING=0.0
*CFD,STEADY STATE,COMPRESSIBLE
```

分布荷重の指定（*DLOAD）。CENTRIFを指定しているため遠心力の設定です。CENTRIFのあとの7個の数値は、それぞれ、角速度(ω)の２乗、回転軸上の或る１点の座標1、回転軸上の或る１点の座標2、回転軸上の或る１点の座標3、回転軸上の単位方向ベクトルの成分1、回転軸上の単位方向ベクトルの成分2、回転軸上の単位方向ベクトルの成分3です。

境界条件の指定（*BOUNDARY）。各行の"**"は説明用に追記したもので、そのように*.inpの内容を記載しても動作しないかもしれません。

出力の指定（*NODE PRINT、*NODE fileなど）。前述の説明の通り。ノードセットNradは*.datファイルへの出力のために必要だったと判ります。

リスト6.7: coucylcentcomp.inp-4

```
*DLOAD
Eall,CENTRIF,1.,0.,0.,0.,0.,0.,1.
*BOUNDARY
Nall,3,3,0.             ** Z方向の速度成分 = 0.
Nwallin,1,1,0.          ** X方向の速度成分 = 0.
Nwallin,2,2,.5.         ** Y方向の速度成分 = 0.5
Nwallin,8,8,1.          ** 圧力 = 1.(流体解析のみ)
Nwallin,11,11,1.        ** 温度 = 1.
Nwallout,1,1,0.         ** X方向の速度成分 = 0.
Nwallout,2,2,1.         ** Y方向の速度成分 = 1.
Nwallout,11,11,1.       ** 温度 = 1.
*NODE PRINT,FREQUENCYF=3000,NSET=Nrad,GLOBAL=YES
VF,PSF,TSF              ** それぞれ、流速、静圧、静温。
***NODE FILE,FREQUENCYF=3000
**VF,PSF,TSF
** ------ Addition ------
*NODE FILE,FREQUENCYF=3000
VF,PSF,TSF              ** それぞれ、流速、静圧、静温。
** ------ Addition ------(end)
*END STEP
```

第7章　coucylcomp

本章では、基本テストの中のcoucylcompケースについて説明します。

7.1　境界条件

Nwallinは内側の面、Nwalloutは外側の面、Nradは半径方向です。ノードセットNwallinとNwalloutは、+Z側と-Z側の両方のノードが含まれています。ノードセットNradだけが、-Z側のノードのみです。

図7.1: NodeSets:Nwallin

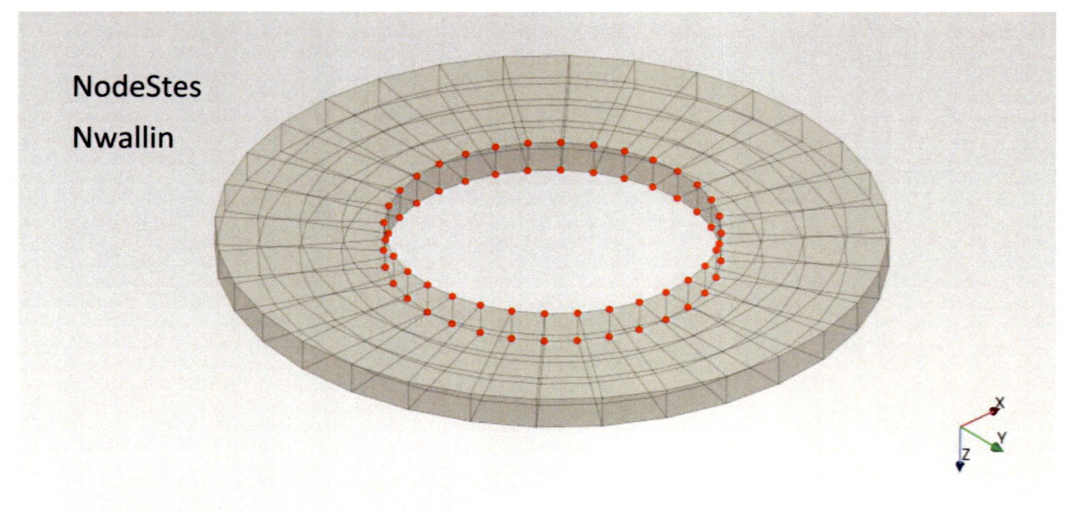

図 7.2: NodeSets:Nwallout

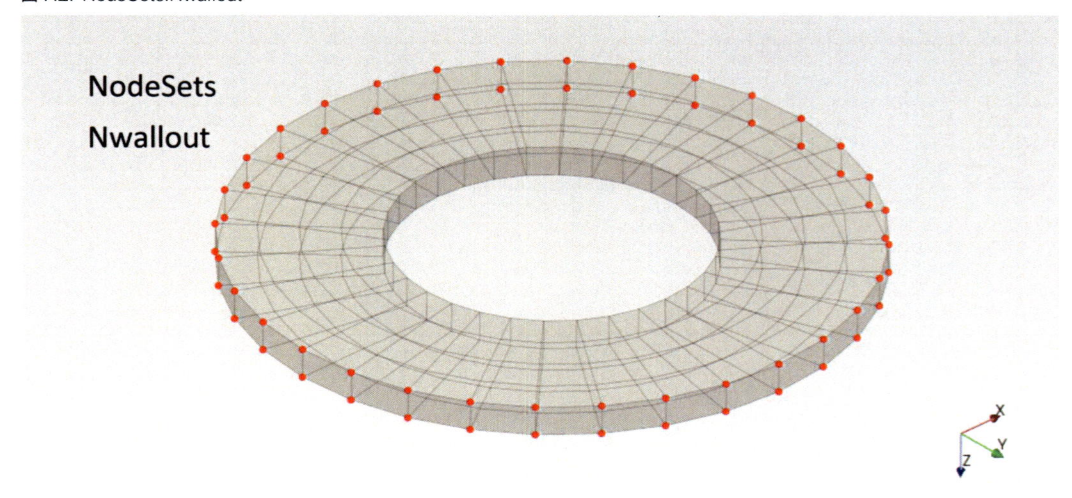

図 7.3: NodeSets:Nrad

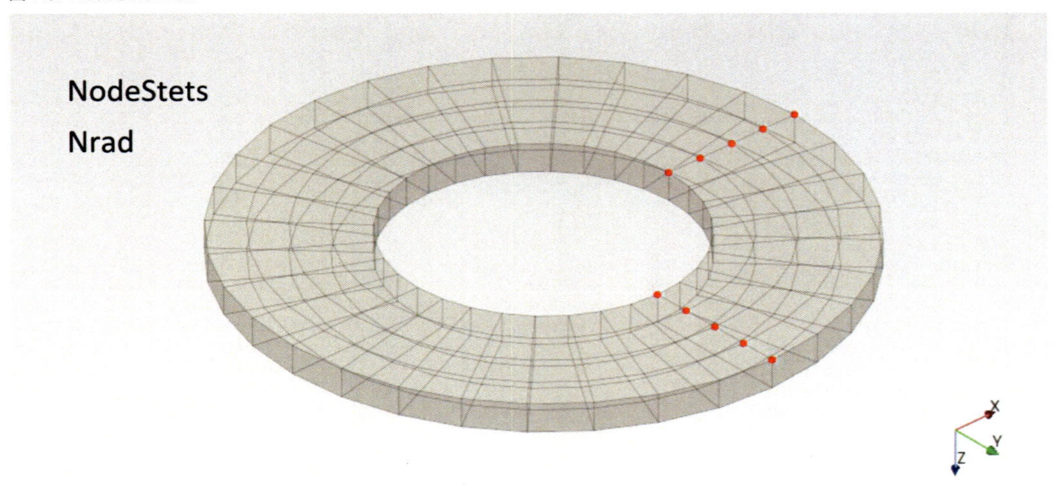

7.2 計算結果

PSは静圧で、TSは静温（通常の温度）で、3DFは3D-Fluidのことです。PS3DFとTS3DFの変数名はそれぞれPSFとTSFです。V3DFは3D流体要素の流速ベクトルで、その変数名はVFです。構造解析の動解析のときの速度はVELOで、その変数名はVです。図7.6は流速の大きさを表示しています。

図 7.4: PS3DF：静圧

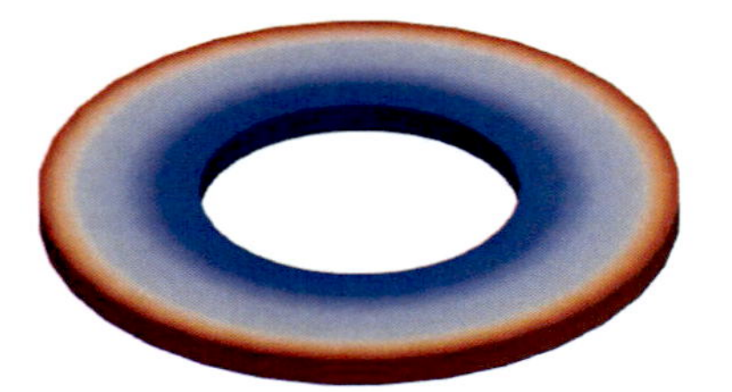

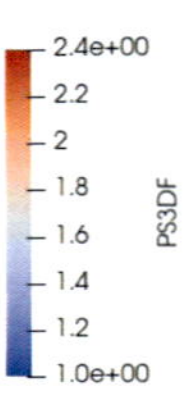

図 7.5: TS3DF：温度

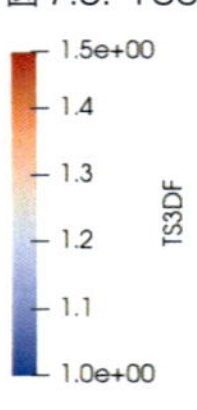

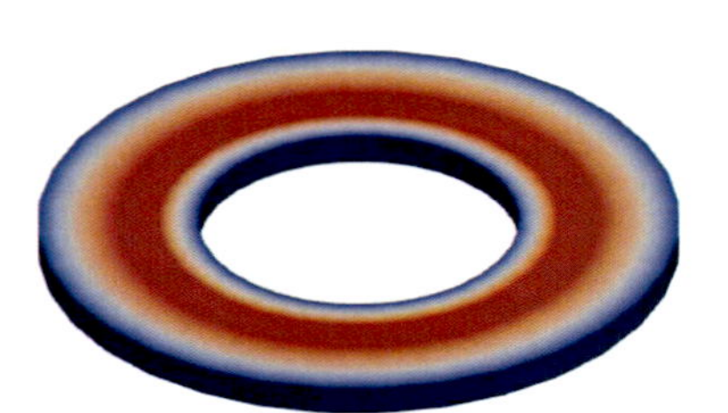

図7.6: V3DF：速度

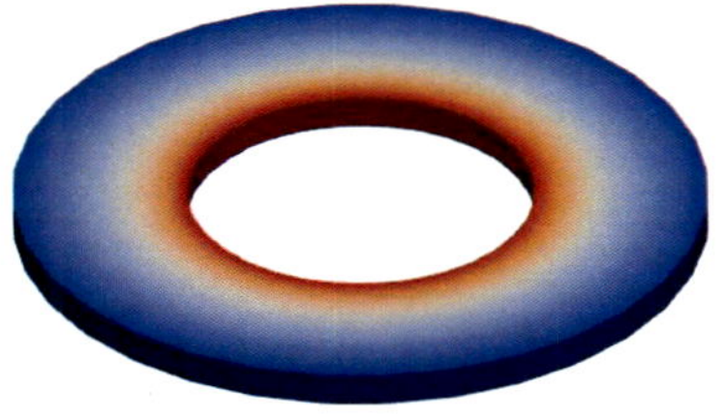

7.3 coucylcomp.inp

全体のノードの定義をし、全体の要素の定義をしたのちに、ノードセットNwallin、Nwalloutの定義をしています。ノードセットNradの定義は、あとで出てきます。

座標系の変更（*TRANSFORM）。

リスト7.1: CalculiXのマニュアルより

```
Example:
 *TRANSFORM,NSET=No1,TYPE=R
 0.,1.,0.,0.,0.,1.

 assigns a new rectangular coordinate system to the nodes belonging
to (node) set No1. The x- and the y-axes in the local system are
the y- and z-axes in the global system.

(ノード)セット No1 に属するノードに新しい直交座標系を割り当てます。ローカル座標系のx'軸とy'軸は、
グローバル座標系のy軸とz軸になります。

※  TYPEに指定できるものは、今のところ、R (デフォルト；rectangular) とC (cylindrical) のみです。

※  2行目の6個のパラメーターは、それぞれ、グローバル座標系でのa点の座標(Xa,Ya,Za)、b点の座標
(Xb,Yb,Zb)です。

ローカル直交座標系を選択したときは、原点と点aを結ぶベクトルがX'軸、点bはX'Y'平面上の点です。マ
```

ニュアルの図から類推すると、原点と点aを結ぶベクトルと原点と点bを結ぶベクトルが直交していなくても、ローカル直交座標系のX'軸とY'軸は直交し、ローカル直交座標系のZ'軸はX'Y'平面と直交すると思われます。ローカル円筒座標系を選択したときは、始点aと終点bを結ぶベクトルが、Z'軸（ローカル円筒座標系の軸）になります。マニュアルの図から類推すると、点aと点bの中点がローカル円筒座標系の原点になると思われます。

リスト7.1の記載から、*.inpファイルでグローバル座標系のZ軸をローカル円筒座標系のZ軸にしているのが判ります。以後、座標系は、X→R、Y→θ、Z→Z　の意味になります。

リスト7.2: coucylcomp.inp-1

```
**
**   Structure: fluid flow between two cylinders.
**   Test objective: compressible Couette flow with fixed
**                   wall temperature.
**                   velocity at the inside: 0.5, temperature 1.
**                   velocity at the outside: 1., temperature 1.
**                   centrifugal force: 1 rad/s
**
*NODE, NSET=Nall
       1,-1.000000000000e+00,0.000000000000e+00,0.000000000000e+00
～中略～
     320,4.903926402016e-01,9.754516100806e-02,1.000000000000e-01
*ELEMENT, TYPE=F3D8, ELSET=Eall
     1,      1,      2,      3,      4,      5,      6,      7,      8
～中略～
   128,    317,    183,    186,    318,    319,    187,    190,    320
** Names based on wallin
*NSET,NSET=Nwallin
17,
18,
19,
20,
29,
30,
～中略～
309,
310,
319,
320,
** Names based on wallout
*NSET,NSET=Nwallout
```

```
151,
152,
1,
～中略～
301,
302,
311,
312,
*TRANSFORM,TYPE=C,NSET=Nall
0.,0.,0.,0.,0.,1.
```

マテリアルAIRの物性値を定義しています。DENSITYは密度、FLUID CONSTANTSは順に、一定圧力下の比熱（Specific heat at constant pressure）と粘性係数（Dynamic viscosity）です。3つ目の温度は省略可能です。圧縮性流体解析や熱流体解析の場合は、温度の指定が必要です。紛らわしいですが、動粘性係数（動粘度）は、Kinematic viscosityです。CONDUCTIVITYは熱伝導率です。SPECIFIC GAS CONSTANTは気体定数で、省略されたときはデフォルト値が採用されます。

リスト7.3: CalculiXのマニュアルより

```
Example:
 *FLUID CONSTANTS
 1.032E9,71.1E-13,100.

 defines the specific heat and dynamic viscosity for air at 100 K
 in a unit system using N, mm, s and K:
 cp = 1.032 × 10^9 mm^2/s^2K
 and μ  = 71.1 × 10^(−13) Ns/mm^2.

100Kの空気の比熱と粘性係数の定義。単位は、N、mm、s、K。比熱cp = 1.032×10^9[mm^2/s^2K]、粘性係数μ  = 71.1 × 10^(−13) [Ns/mm^2].

※  μの単位の次元が、動粘性係数でなく粘性係数になっているのを確認してください。
※  上付文字が使用できないため、累乗を示す数字が通常のサイズになっているのに注意してください。

Example:
*SPECIFIC GAS CONSTANT
287.

defines a specific gas constant with a value of 287. This value
is appropriate for air if Joule is chosen for the unit of energy,
kg as unit of mass and K as unit of temperature,
i.e. R = 287 J/(kg K).
```

```
気体定数を287として定義している。単位について、エネルギーがJ、質量がkg、温度がKのとき、空気の気体
定数は、R = 287 J/(kg K)です。
```

リスト7.4: coucylcomp.inp-2

```
*MATERIAL,NAME=AIR
*DENSITY
1.
*FLUID CONSTANTS
1.,1.,1.
*CONDUCTIVITY
1.
*SPECIFIC GAS CONSTANT
0.285714286d0
```

セクションの指定（*SOLID SECTION）。1Dネットワーク要素でなく3Dの要素という意味で、"*SOLID SECTION"なのでしょう。"SOLID"を固体だと思うと、つい"FLUID"と入力したくなります。

初期値の速度の指定（*INITIAL CONDITIONS）。各行の"**"は説明用に追記したもので、そのように*.inpの内容を記載しても動作しないかもしれません。

計算ステップ（*STEP,INCF=3000,SHOCK SMOOTHING=0.0）。INCFはインクリメント最大値。**SHOCK SMOOTHINGは圧縮性のときに必要**です。

リスト7.5: SHOCK SMOOTHINGの説明

```
計算中に衝撃波を平滑する係数で、0.0から2.0の間の値を取り、デフォルトは0.0です。係数の値が小さい
と、計算結果がシャープになり計算精度が向上します。係数の値が大きいと、発散しにくくなりますが、計
算結果が鈍り計算精度が低下します。計算が収束しないと、このパラメータの値は、前の値がゼロの場合は
0.001 に、それ以外の値のときは2倍の値に自動的に増やされて、(場合によっては複数回) 計算が繰り返さ
れます。したがって、最初は係数の値をゼロ (デフォルト) にして計算を行ない、収束性が悪いときは徐々に
値を大きくしていくのが良いでしょう。
```

定常**圧縮性**層流の流体計算(*CFD,STEADY STATE,COMPRESSIBLE)。パラメータSTEADY STATEが記載されているため定常計算となります。パラメータCOMPRESSIBLEが記載されているため、圧縮性になります。パラメータTURBULENCEMODELが記載されていないため、(デフォルトの) 層流モデルでの計算になります。2行目は、順に、初期時間インクリメント、ステップの時間間隔(デフォルトは1)、許容最小時間インクリメント、許容最大時間インクリメント、CFD問題のセーフティファクターです。記載されていないときはデフォルトの値が採用されます。

表7.1: パラメータの説明

2行目のパラメータ	説明
初期時間インクリメント	デフォルトは1。1行目のパラメーターにDIRECTが指定されていない場合、計算途中で、この値は自動インクリメントによって変更されます。パラメーターDIRECTの指定の有無に関わらず、最初のインクリメントは指定した値となります。
ステップの時間間隔	デフォルトは1。計算終了までの時間です。
許容最小時間インクリメント	DIRECTが指定されていない場合のみ有効。デフォルトは、初期時間インクリメントまたはステップの時間間隔の1.e-5倍のうちのどちらか小さいほう。
許容最大時間インクリメント	デフォルトは1.e+30。DIRECTが指定されていない場合のみ有効。
セーフティファクター	デフォルトは1.25。ユーザーが指定する場合はこれより大きな値にしてください。時間増分を除算する、対流特性と拡散特性に基づいて計算された安全係数。

リスト7.6: coucylcomp.inp-3

```
*SOLID SECTION,ELSET=Eall,MATERIAL=AIR
*INITIAL CONDITIONS,TYPE=PRESSURE
Nall,1.                  ** 圧力 = 1.
*INITIAL CONDITIONS,TYPE=FLUID VELOCITY
Nall,1,0.                ** X方向の速度成分 = 0.
Nall,2,0.                ** Y方向の速度成分 = 0.
Nall,3,0.                ** Z方向の速度成分 = 0.
*INITIAL CONDITIONS,TYPE=TEMPERATURE
Nall,1.                  ** 温度 = 1.
```

```
*NSET,NSET=Nrad
187,183,179,175,171,89,87,85,83,81


*STEP,INCF=3000,SHOCK SMOOTHING=0.0
*CFD,STEADY STATE,COMPRESSIBLE
```

分布荷重の指定（*DLOAD)。CENTRIFを指定しているため遠心力の設定です。CENTRIFのあとの7個の数値は、それぞれ、角速度(ω)の２乗、回転軸上の或る1点の座標1、回転軸上の或る1点の座標2、回転軸上の或る1点の座標3、回転軸上の単位方向ベクトルの成分1、回転軸上の単位方向ベクトルの成分2、回転軸上の単位方向ベクトルの成分3です。

境界条件の指定（*BOUNDARY)。各行の"**"は説明用に追記したもので、そのように*.inpの内容を記載しても動作しないかもしれません。

出力の指定（*NODE PRINT、*NODE fileなど)。前述の説明の通り。ノードセットNradは*.datファイルへの出力のために必要だったと判ります。

リスト7.7: coucylcomp.inp-4

```
*DLOAD
Eall,CENTRIF,16.,0.,0.,0.,0.,0.,1.
*BOUNDARY
Nall,3,3,0.              ** Z方向の速度成分 = 0.
Nwallin,1,1,0.           ** X方向の速度成分 = 0.5
Nwallin,2,2,.5.          ** Y方向の速度成分 = 0.
Nwallin,8,8,1.           ** 圧力 = 1.(流体解析のみ)
Nwallin,11,11,1.         ** 温度 = 1.
Nwallout,1,1,0.          ** X方向の速度成分 = 0.
Nwallout,2,2,1. ** Y方向の速度成分 = 1.
Nwallout,11,11,1.        ** 温度 = 1.
*NODE PRINT,FREQUENCYF=3000,NSET=Nrad,GLOBAL=YES
VF,PSF,TSF               ** それぞれ、流速、静圧、静温。
***NODE FILE,FREQUENCYF=3000
**VF,PSF,TSF
** ------ Addition ------
*NODE FILE,FREQUENCYF=3000
VF,PSF,TSF               ** それぞれ、流速、静圧、静温。
** ------ Addition ------(end)
*END STEP
```

第8章　couette1

本章では、基本テストの中のcouette1ケースについて説明します。

8.1　境界条件

Nupは上側（+Y）のノード、Ndoは下側（-Y）のノードです。いずれのノードセットも、-X側のノードのみが含まれています。

図8.1: NodeSets:Nup

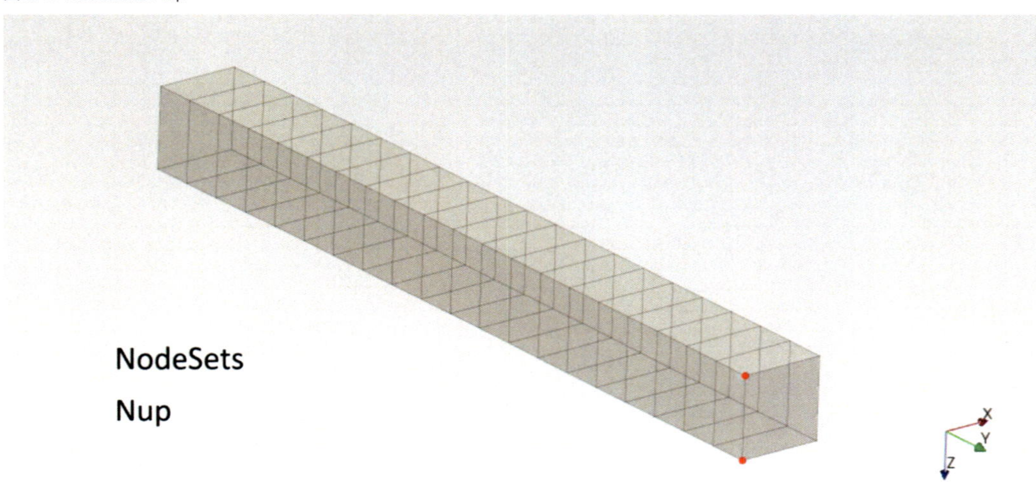

図8.2: NodeSets:Ndo

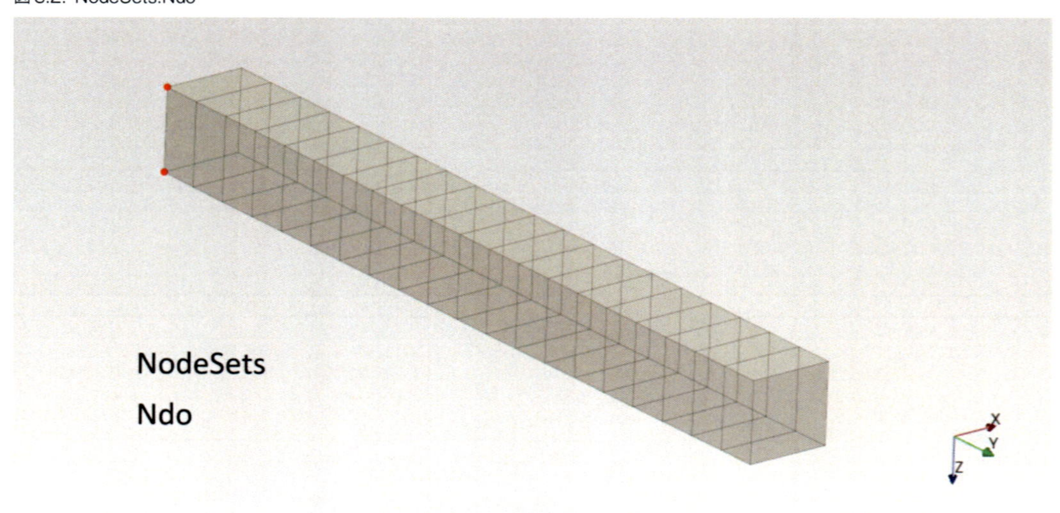

8.2　計算結果

TSは静温（通常の温度）で、3DFは3D-Fluidのことです。TS3DFの変数名はTSFです。V3DFは3D流体要素の流速ベクトルで、その変数名はVFです。構造解析の動解析のときの速度はVELOで、その変数名はVです。図8.4は流速の大きさを表示しています。

図8.3: TS3DF：温度

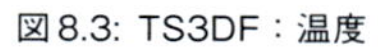

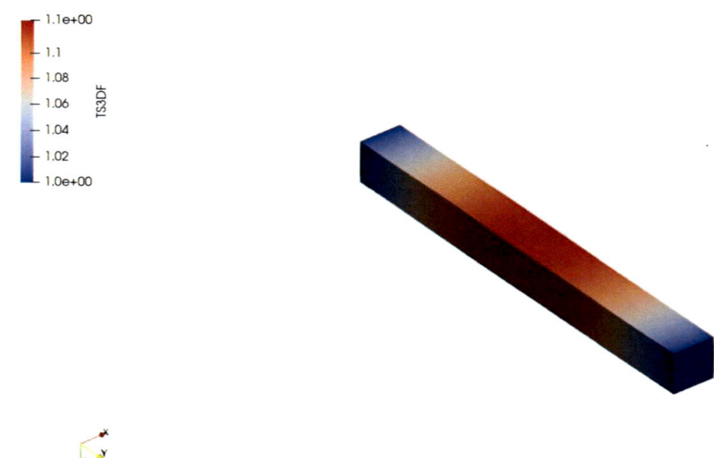

図 8.4: V3DF：速度

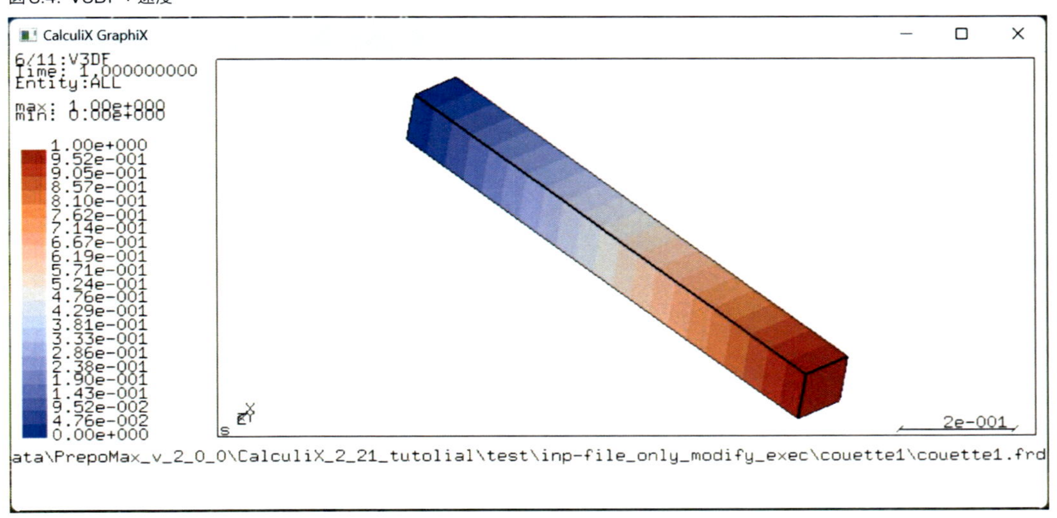

8.3 couette1.inp

全体のノードの定義をし、全体の要素の定義をしたのちに、ノードセットNup、Ndoの定義をしています。

方程式（*EQUATION）。

リスト 8.1: *EQUATION

```
*EQUATION
セットの1行目：式の項の数
セットの残りの行（1行あたり最大12エントリー）
最初の変数の節点番号,最初の変数の節点での自由度,最初の変数の係数の値,
2番目の変数の節点番号,2番目の変数の節点での自由度,2番目の変数の係数の値,
・・・
```

自由度1,2,3に対応する変数をそれぞれU,V,Wとし、ノード番号を後置して区別して表記する、例えばノード番号28の2番目の自由度の値を、U28と表記するとすると、リスト8.1の記載から、

```
*EQUATION
2
3,1,-1.000000000000,2,1,1.000000000000
```

という記載は、(-1.0)*U3+(1.0)*U2=0という式を表していて、結局のところ、U3=U2という拘束条

件を表しています。

したがって、*.inpファイルの*EQUATIONの部分は、下記の拘束条件を設定しているのが判ります。

前半部の設定により、1番目と2番目の自由度のField量（速度のX成分とY成分）が、（ローカル座標系の）Z方向で対応するノードどうしで同じ値になります。

後半部の設定により、11番目の自由度のField量（温度）が、（ローカル座標系の）Z方向で対応するノードどうしで同じ値になります。

座標系の変更（*TRANSFORM）。

リスト8.2: couette1.inp-1

```
**
**   Structure: fluid flow between two plates.
**   Test objective: incompressible Couette flow with fixed
**                   wall temperature.
**                   velocity:linear between 0. and 1.
**                   temperature: maximum of 1.125
**
*NODE, NSET=Nall
       1,1.000000000000e-01,1.000000000000e+00,0.000000000000e+00
～中略～
      84,0.000000000000e+00,0.000000000000e+00,1.000000000000e-01
*ELEMENT, TYPE=F3D8, ELSET=Eall
     1,      1,      2,      3,      4,      5,      6,      7,      8
～中略～
    20,     77,     81,     82,     78,     79,     83,     84,     80

*EQUATION
5                                                    ** 前半部
1,1,-1.000000000000
5,1,1.000000000000
6,1,0.000000000000
7,1,0.000000000000
8,1,0.000000000000
*EQUATION
5
1,2,-1.000000000000
5,2,1.000000000000
6,2,0.000000000000
7,2,0.000000000000
8,2,0.000000000000
```

```
*EQUATION
5
2,1,-1.000000000000
5,1,0.000000000000
6,1,1.000000000000
7,1,0.000000000000
8,1,0.000000000000
～中略～
*EQUATION
5
81,2,-1.000000000000
79,2,0.000000000000
83,2,1.000000000000
84,2,0.000000000000
80,2,0.000000000000
*EQUATION
5
82,1,-1.000000000000
79,1,0.000000000000
83,1,0.000000000000
84,1,1.000000000000
80,1,0.000000000000
*EQUATION
5
82,2,-1.000000000000
79,2,0.000000000000
83,2,0.000000000000
84,2,1.000000000000
80,2,0.000000000000        ** 前半部(ここまで)

*EQUATION
5                                             ** 後半部
1,11,-1.000000000000
5,11,1.000000000000
6,11,0.000000000000
7,11,0.000000000000
8,11,0.000000000000
*EQUATION
5
2,11,-1.000000000000
5,11,0.000000000000
```

```
6,11,1.000000000000
7,11,0.000000000000
8,11,0.000000000000
*EQUATION
5
3,11,-1.000000000000
5,11,0.000000000000
6,11,0.000000000000
7,11,1.000000000000
8,11,0.000000000000

～中略～

*EQUATION
5
78,11,-1.000000000000
75,11,0.000000000000
79,11,0.000000000000
80,11,1.000000000000
76,11,0.000000000000
*EQUATION
5
81,11,-1.000000000000
79,11,0.000000000000
83,11,1.000000000000
84,11,0.000000000000
80,11,0.000000000000
*EQUATION
5
82,11,-1.000000000000
79,11,0.000000000000
83,11,0.000000000000
84,11,1.000000000000
80,11,0.000000000000                ** 後半部(ここまで)

*NSET,NSET=Nup
5,
8,
*NSET,NSET=Ndo
83,
84,
```

マテリアルWATERの物性値を定義しています。DENSITYは密度、FLUID CONSTANTSは順に、一定圧力下の比熱（Specific heat at constant pressure）と粘性係数（Dynamic viscosity）です。3つ目の温度は省略可能です。圧縮性流体解析や熱流体解析の場合は、温度の指定が必要です。紛らわしいですが、動粘性係数（動粘度）は、Kinematic viscosityです。最後のCONDUCTIVITYは熱伝導率です。

リスト8.3: CalculiXのマニュアルより

```
Example:
 *FLUID CONSTANTS
 1.032E9,71.1E-13,100.

 defines the specific heat and dynamic viscosity for air at 100 K
 in a unit system using N, mm, s and K:
 cp = 1.032 × 10^9 mm^2/s^2K
 and μ  = 71.1 × 10^(−13) Ns/mm^2.

100Kの空気の比熱と粘性係数の定義。単位は、N、mm、s、K。比熱cp = 1.032×10^9 [mm^2/s^2K]、粘
性係数μ  = 71.1 × 10^(−13) [Ns/mm^2].

※  μの単位の次元が、動粘性係数でなく粘性係数になっているのを確認してください。
※  上付文字が使用できないため、累乗を示す数字が通常のサイズになっているのに注意してください。
```

リスト8.4: couette1.inp-2

```
*MATERIAL,NAME=WATER
*DENSITY
1.
*FLUID CONSTANTS
1.,1.
*CONDUCTIVITY
1.
```

セクションの指定（*SOLID SECTION）。1Dネットワーク要素でなく3Dの要素という意味で、"*SOLID SECTION"なのでしょう。"SOLID"を固体だと思うと、つい"FLUID"と入力したくなります。

初期値の速度の指定（*INITIAL CONDITIONS）。各行の"**"は説明用に追記したもので、そのように*.inpの内容を記載しても動作しないかもしれません。

計算ステップ（*STEP,INCF=5000）。INCFはインクリメント最大値。

定常非圧縮性層流の流体計算（*CFD,STEADY STATE）。パラメータCOMPRESSIBLEが記載されていないため、（デフォルトの）非圧縮性になります。パラメータTURBULENCEMODELが記載

されていないため、(デフォルトの) 層流モデルでの計算になります。2行目は、順に、初期時間インクリメント、ステップの時間間隔 (デフォルトは1)、許容最小時間インクリメント、許容最大時間インクリメント、CFD問題のセーフティファクターです。記載されていないときはデフォルトの値が採用されます。

表8.1: パラメータの説明

2行目のパラメータ	説明
初期時間インクリメント	デフォルトは1。1行目のパラメーターにDIRECTが指定されていない場合、計算途中で、この値は自動インクリメントによって変更されます。パラメーターDIRECTの指定の有無に関わらず、最初のインクリメントは指定した値となります。
ステップの時間間隔	デフォルトは1。計算終了までの時間です。
許容最小時間インクリメント	DIRECTが指定されていない場合のみ有効。デフォルトは、初期時間インクリメントまたはステップの時間間隔の1.e-5倍のうちのどちらか小さいほう。
許容最大時間インクリメント	デフォルトは1.e+30。DIRECTが指定されていない場合のみ有効。
セーフティファクター	デフォルトは1.25。ユーザーが指定する場合はこれより大きな値にしてください。時間増分を除算する、対流特性と拡散特性に基づいて計算された安全係数。

リスト8.5: couette1.inp-3

```
*SOLID SECTION,ELSET=Eall,MATERIAL=WATER
*INITIAL CONDITIONS,TYPE=PRESSURE
Nall,1.                     ** 圧力 = 1.
*INITIAL CONDITIONS,TYPE=FLUID VELOCITY
Nall,1,0.                   ** X方向の速度成分 = 0.
Nall,2,0.                   ** Y方向の速度成分 = 0.
Nall,3,0.                   ** Z方向の速度成分 = 0.
*INITIAL CONDITIONS,TYPE=TEMPERATURE
Nall,1.                     ** 温度 = 1.
*STEP,INCF=5000
*CFD,STEADY STATE
```

境界条件の指定 (*BOUNDARY)。各行の"**"は説明用に追記したもので、そのように*.inpの内容を記載しても動作しないかもしれません。

出力の指定 (*NODE PRINT、*NODE fileなど)。前述の説明の通り。

リスト8.6: couette1.inp-4

```
*BOUNDARY
*BOUNDARY
Ndo,1,2,0.                  ** XとY方向の速度成分 = 0.
```

```
Nup,1,1,1.                  ** X方向の速度成分 = 1.
Nup,2,2,0.                  ** Y方向の速度成分 = 0.
Nall,3,3,0.                 ** Z方向の速度成分 = 0.
Nall,8,8,1.                 ** 圧力 = 1.(流体解析のみ)
Ndo,11,11,1.                ** 温度 = 1.
Nup,11,11,1.                ** 温度 = 1.    次の章のcouette2では、この行がありません。
*NODE PRINT,FREQUENCYF=5000,NSET=Nall
VF,TSF           ** それぞれ、流速、静温。
** ------ Addition ------
*NODE file
VF,TSF           ** それぞれ、流速、静温。
** ------ Addition ------(end)
*END STEP
```

第9章　couette2

本章では、基本テストの中のcouette2ケースについて説明します。

9.1　境界条件

Nupは上側（+Y）のノード、Ndoは下側（-Y）のノードです。いずれのノードセットも、-X側のノードのみが含まれています。

図9.1: NodeSets:Nup

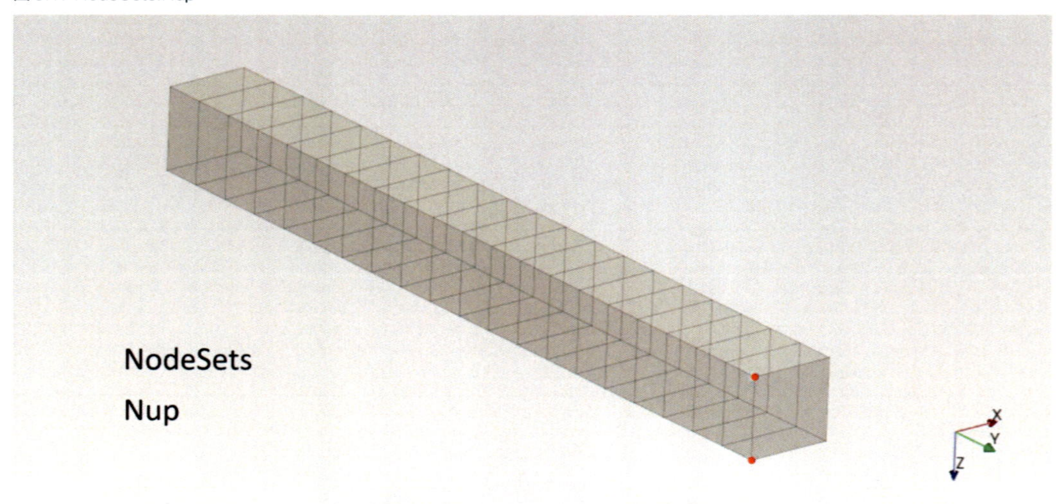

図 9.2: NodeSets:Ndo

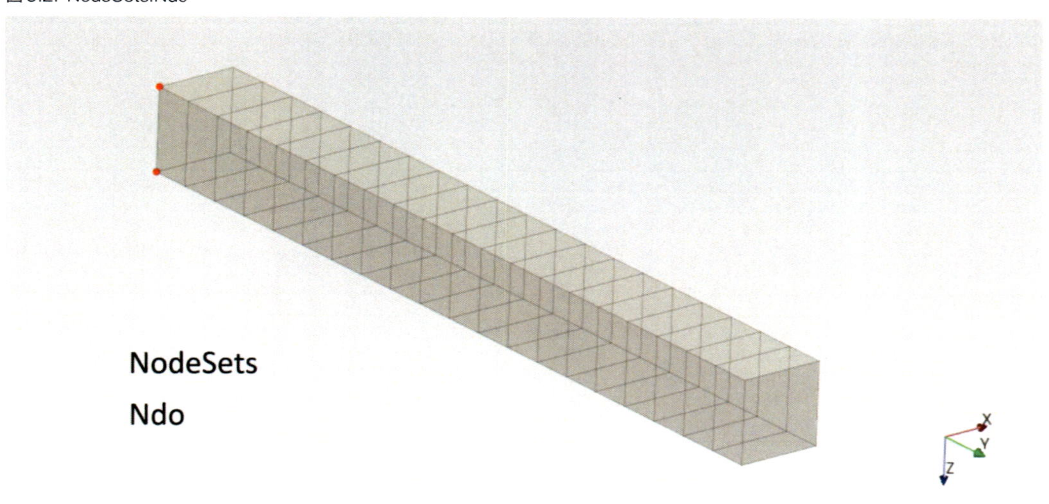

9.2 計算結果

TSは静温（通常の温度）で、3DFは3D-Fluidのことです。TS3DFの変数名はTSFです。V3DFは3D流体要素の流速ベクトルで、その変数名はVFです。構造解析の動解析のときの速度はVELOで、その変数名はV です。図9.4は流速の大きさを表示しています。

図 9.3: TS3DF：温度

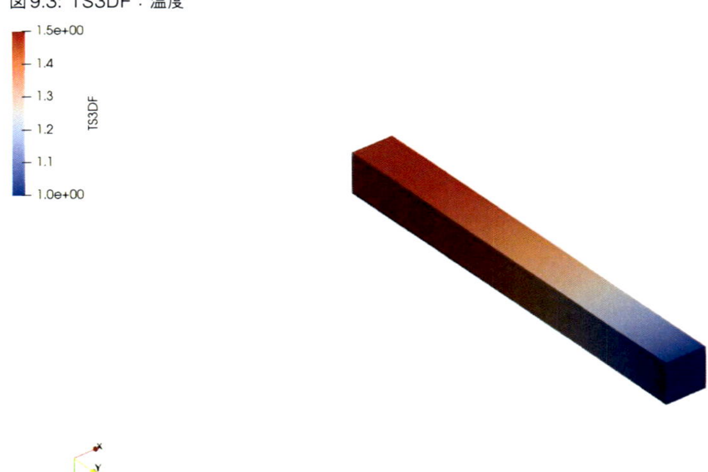

図9.4: V3DF：速度

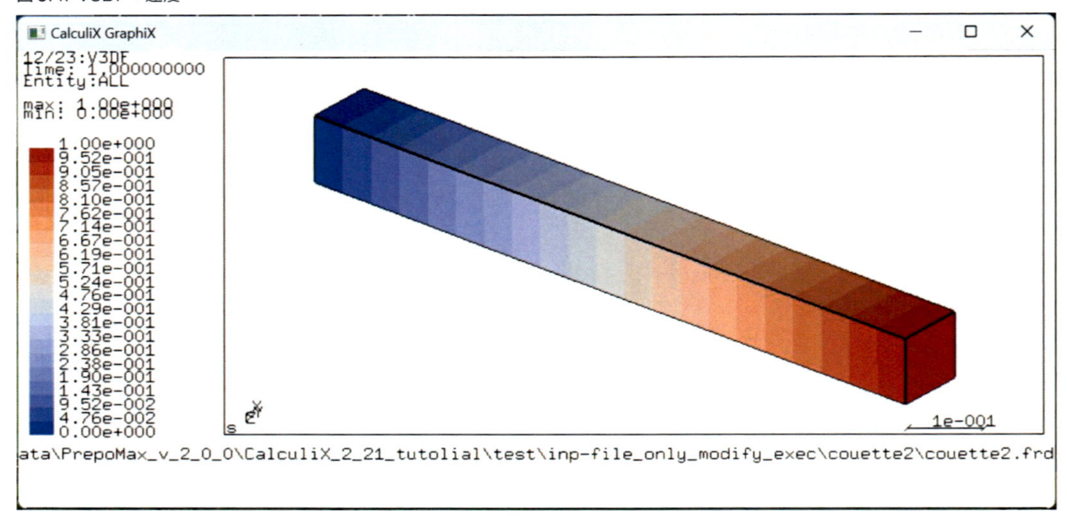

9.3 couette2.inp

全体のノードの定義をし、全体の要素の定義をしたのちに、ノードセットNup、Ndoの定義をしています。

方程式（*EQUATION）。

リスト9.1: *EQUATION

```
*EQUATION
セットの1行目：式の項の数
セットの残りの行（1行あたり最大12エントリー）
最初の変数の節点番号,最初の変数の節点での自由度,最初の変数の係数の値,
2番目の変数の節点番号,2番目の変数の節点での自由度,2番目の変数の係数の値,
・・・
```

自由度1,2,3に対応する変数をそれぞれU,V,Wとし、ノード番号を後置して区別して表記する、例えばノード番号28の2番目の自由度の値を、U28と表記するとすると、リスト9.1の記載から、

*EQUATION
2
3,1,-1.000000000000,2,1,1.000000000000

という記載は、(-1.0)*U3+(1.0)*U2=0という式を表していて、結局のところ、U3=U2という拘束条

件を表しています。したがって、*.inpファイルの*EQUATIONの部分は、下記の拘束条件を設定しているのが判ります。

・前半部の設定により、1番目と2番目の自由度のField量（速度のX成分とY成分）が、（ローカル座標系の）Z方向で対応するノードどうしで同じ値になります。
・後半部の設定により、11番目の自由度のField量(温度)が、（ローカル座標系の）Z方向で対応するノードどうしで同じ値になります。

座標系の変更（*TRANSFORM）。

リスト9.2: couette2.inp-1

```
**
**   Structure: fluid flow between two plates.
**   Test objective: incompressible Couette flow with fixed
**                   temperature on one plate and adiabatic
**                   conditions on the other plate
**                   velocity:linear between 0. and 1.
**                   temperature: maximum of 1.5
**
*NODE, NSET=Nall
       1,1.000000000000e-01,1.000000000000e+00,0.000000000000e+00
～中略～
      84,0.000000000000e+00,0.000000000000e+00,1.000000000000e-01
*ELEMENT, TYPE=F3D8, ELSET=Eall
     1,      1,      2,      3,      4,      5,      6,      7,      8
～中略～
    20,     77,     81,     82,     78,     79,     83,     84,     80
** areampc based on set rechts links
** WARNING: THE USE OF THE ORIGINAL COORDINATE SYSTEM IS MANDATORY
** INCLUDE THE FOLLOWING LINES IN THE MODEL-DEFINITION-SECTION:

*EQUATION
5                                                ** 前半部
1,1,-1.000000000000
5,1,1.000000000000
6,1,0.000000000000
7,1,0.000000000000
8,1,0.000000000000
*EQUATION
5
1,2,-1.000000000000
5,2,1.000000000000
```

```
6,2,0.000000000000
7,2,0.000000000000
8,2,0.000000000000
*EQUATION
5
2,1,-1.000000000000
5,1,0.000000000000
6,1,1.000000000000
7,1,0.000000000000
8,1,0.000000000000
～中略～
*EQUATION
5
81,2,-1.000000000000
79,2,0.000000000000
83,2,1.000000000000
84,2,0.000000000000
80,2,0.000000000000
*EQUATION
5
82,1,-1.000000000000
79,1,0.000000000000
83,1,0.000000000000
84,1,1.000000000000
80,1,0.000000000000
*EQUATION
5
82,2,-1.000000000000
79,2,0.000000000000
83,2,0.000000000000
84,2,1.000000000000
80,2,0.000000000000        ** 前半部(ここまで)

*EQUATION
5                                                ** 後半部
1,11,-1.000000000000
5,11,1.000000000000
6,11,0.000000000000
7,11,0.000000000000
8,11,0.000000000000
*EQUATION
```

```
5
2,11,-1.000000000000
5,11,0.000000000000
6,11,1.000000000000
7,11,0.000000000000
8,11,0.000000000000
*EQUATION
5
3,11,-1.000000000000
5,11,0.000000000000
6,11,0.000000000000
7,11,1.000000000000
8,11,0.000000000000
～中略～
*EQUATION
5
78,11,-1.000000000000
75,11,0.000000000000
79,11,0.000000000000
80,11,1.000000000000
76,11,0.000000000000
*EQUATION
5
81,11,-1.000000000000
79,11,0.000000000000
83,11,1.000000000000
84,11,0.000000000000
80,11,0.000000000000
*EQUATION
5
82,11,-1.000000000000
79,11,0.000000000000
83,11,0.000000000000
84,11,1.000000000000
80,11,0.000000000000                ** 後半部(ここまで)

** Names based on up
*NSET,NSET=Nup
5,
8,
** Names based on do
```

```
*NSET,NSET=Ndo
83,
84,
```

マテリアルWATERの物性値を定義しています。DENSITYは密度、FLUID CONSTANTSは順に、一定圧力下の比熱（Specific heat at constant pressure）と粘性係数（Dynamic viscosity）です。3つ目の温度は省略可能です。圧縮性流体解析や熱流体解析の場合は、温度の指定が必要です。紛らわしいですが、動粘性係数（動粘度）は、Kinematic viscosityです。最後のCONDUCTIVITYは熱伝導率です。

リスト9.3: CalculiXのマニュアルより

```
Example:
 *FLUID CONSTANTS
 1.032E9,71.1E-13,100.

 defines the specific heat and dynamic viscosity for air at 100 K
 in a unit system using N, mm, s and K:
 cp = 1.032 × 10^9 mm^2/s^2K
 and μ  = 71.1 × 10^(−13) Ns/mm^2.

100Kの空気の比熱と粘性係数の定義。単位は、N、mm、s、K。比熱cp = 1.032×10^9 [mm^2/s^2K]、粘性係数μ  = 71.1 × 10^(−13) [Ns/mm^2].

※  μの単位の次元が、動粘性係数でなく粘性係数になっているのを確認してください。
※  上付文字が使用できないため、累乗を示す数字が通常のサイズになっているのに注意してください。
```

リスト9.4: couette2.inp-2

```
*MATERIAL,NAME=WATER
*DENSITY
1.
*FLUID CONSTANTS
1.,1.
*CONDUCTIVITY
1.
```

セクションの指定（*SOLID SECTION）。1Dネットワーク要素でなく3Dの要素という意味で、"*SOLID SECTION"なのでしょう。"SOLID"を固体だと思うと、つい"FLUID"と入力したくなります。

初期値の速度の指定（*INITIAL CONDITIONS）。各行の"**"は説明用に追記したもので、そのように*.inpの内容を記載しても動作しないかもしれません。

計算ステップ（*STEP,INCF=10000）。INCFはインクリメント最大値。

定常非圧縮性層流の流体計算（*CFD,STEADY STATE）。パラメータCOMPRESSIBLEが記載されていないため、（デフォルトの）非圧縮性になります。パラメータTURBULENCEMODELが記載されていないため、（デフォルトの）層流モデルでの計算になります。２行目は、順に、初期時間インクリメント、ステップの時間間隔（デフォルトは1）、許容最小時間インクリメント、許容最大時間インクリメント、CFD問題のセーフティファクターです。記載されていないときはデフォルトの値が採用されます。

表9.1: パラメータの説明

２行目のパラメータ	説明
初期時間インクリメント	デフォルトは1。１行目のパラメーターにDIRECTが指定されていない場合、計算途中で、この値は自動インクリメントによって変更されます。パラメーターDIRECTの指定の有無に関わらず、最初のインクリメントは指定した値となります。
ステップの時間間隔	デフォルトは1。計算終了までの時間です。
許容最小時間インクリメント	DIRECTが指定されていない場合のみ有効。デフォルトは、初期時間インクリメントまたはステップの時間間隔の1.e-5倍のうちのどちらか小さいほう。
許容最大時間インクリメント	デフォルトは1.e+30。DIRECTが指定されていない場合のみ有効。
セーフティファクター	デフォルトは1.25。ユーザーが指定する場合はこれより大きな値にしてください。時間増分を除算する、対流特性と拡散特性に基づいて計算された安全係数。

リスト9.5: couette2.inp-3

```
*SOLID SECTION,ELSET=Eall,MATERIAL=WATER
*INITIAL CONDITIONS,TYPE=PRESSURE
Nall,1.                   ** 圧力 = 1.
*INITIAL CONDITIONS,TYPE=FLUID VELOCITY
Nall,1,0.                 ** X方向の速度成分 = 0.
Nall,2,0.                 ** Y方向の速度成分 = 0.
Nall,3,0.                 ** Z方向の速度成分 = 0.
*INITIAL CONDITIONS,TYPE=TEMPERATURE
Nall,1.                   ** 温度 = 1.
*STEP,INCF=10000
*CFD,STEADY STATE
```

境界条件の指定（*BOUNDARY）。各行の"**"は説明用に追記したもので、そのように*.inpの内容を記載しても動作しないかもしれません。

出力の指定（*NODE PRINT、*NODE fileなど）。前述の説明の通り。

リスト9.6: couette2.inp-4

```
*BOUNDARY
*BOUNDARY
Ndo,1,2,0.              ** XとY方向の速度成分 = 0.
Nup,1,1,1.              ** X方向の速度成分 = 1.
Nup,2,2,0.              ** Y方向の速度成分 = 0.
Nall,3,3,0.             ** Z方向の速度成分 = 0.
Nall,8,8,1.             ** 圧力 = 1.(流体解析のみ)
Ndo,11,11,1.            ** 温度 = 1.
*NODE PRINT,FREQUENCYF=5000,NSET=Nall
VF,TSF          ** それぞれ、流速、静温。
** ------ Addition ------
*NODE file
VF,TSF          ** それぞれ、流速、静温。
** ------ Addition ------(end)
*END STEP
```

第10章　couette5

本章では、基本テストの中のcouette5ケースについて説明します。

10.1　境界条件

Nupは上側（+Y）のノード、Ndoは下側（-Y）のノードです。いずれのノードセットも、-X側のノードのみが含まれています。Ninは内側（+X）のノード、Ndoは外側（-X）のノードです。

図10.1: NodeSets:Nup

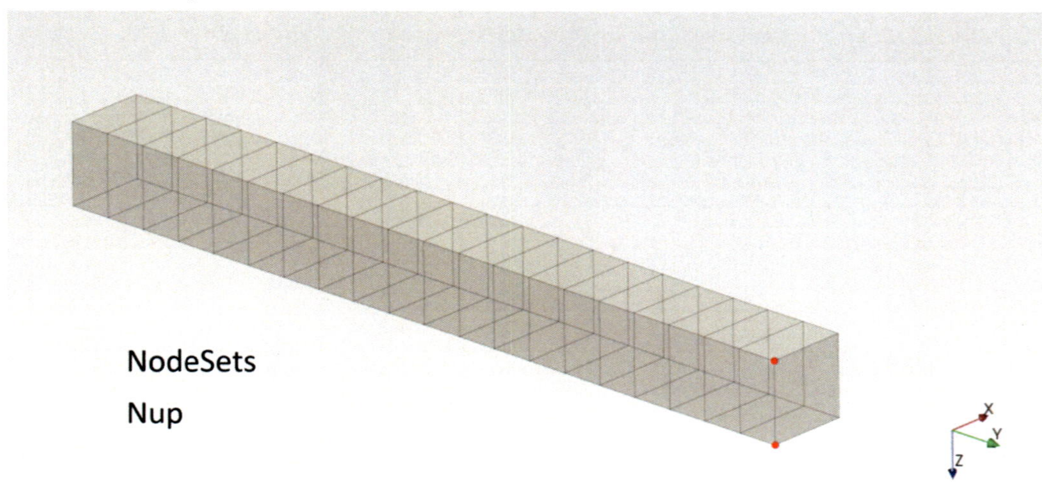

図 10.2: NodeSets:Ndo

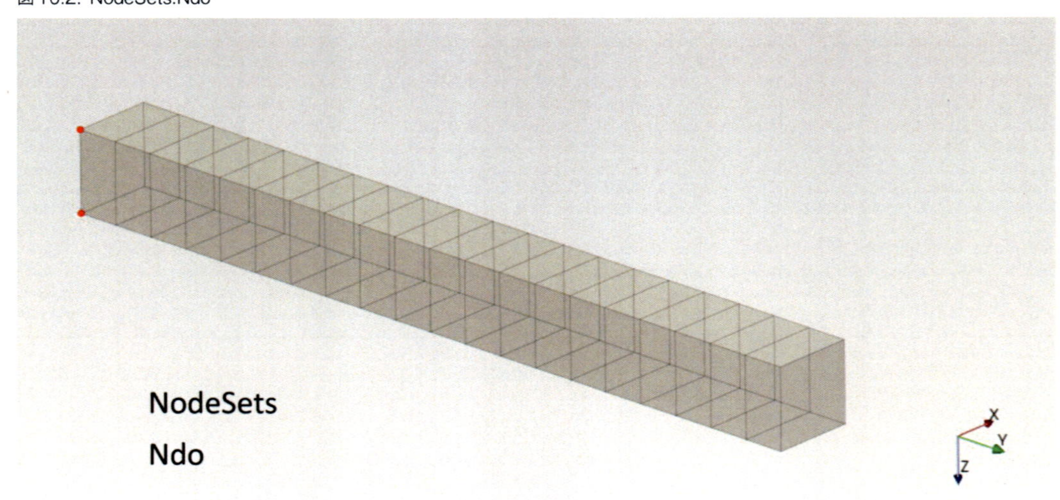

図 10.3: NodeSets:Nin

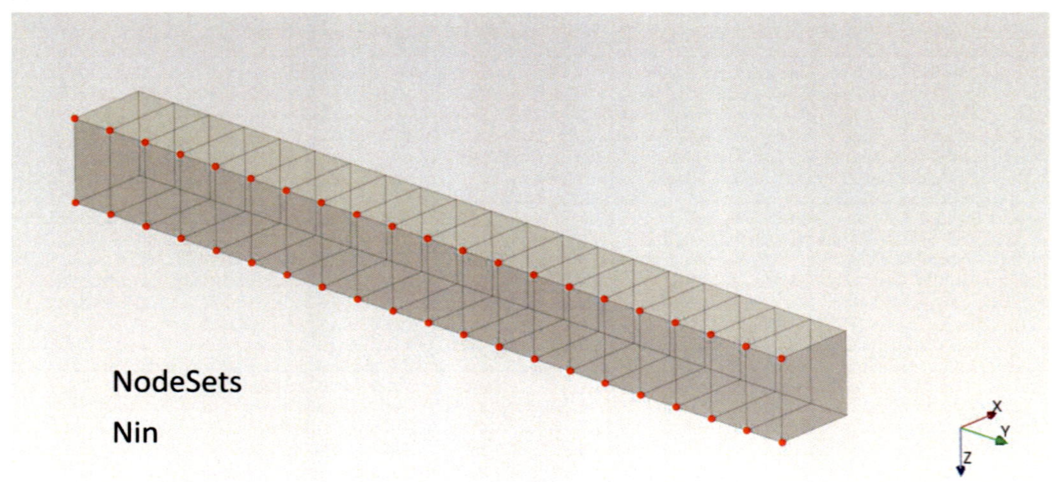

図 10.4: NodeSets:Nout

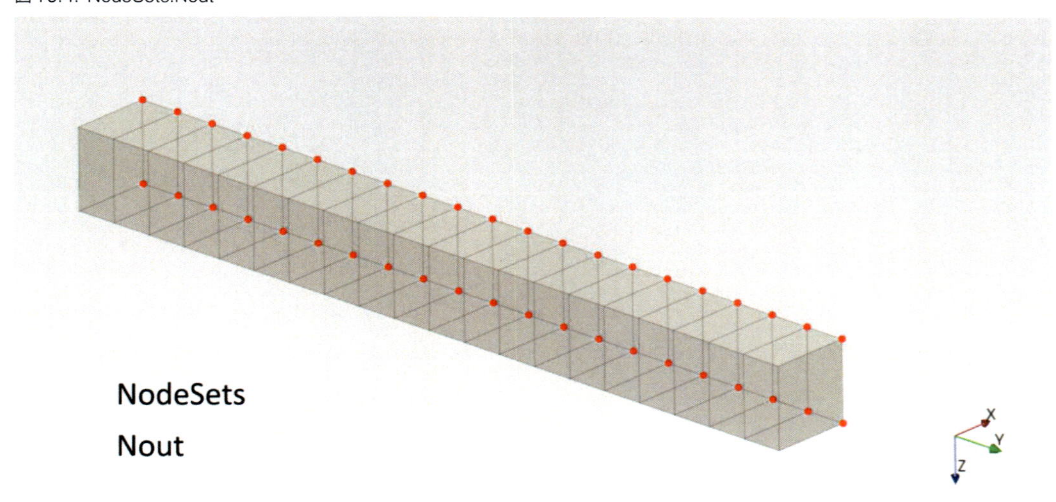

10.2 計算結果

TSは静温（通常の温度）で、3DFは3D-Fluidのことです。TS3DFの変数名はTSFです。VSTRESはCFD計算の粘性応力で、VSTRESの変数名はSVFです。V3DFは3D流体要素の流速ベクトルで、その変数名はVFです。構造解析の動解析のときの速度はVELOで、その変数名はVです。図10.7は流速の大きさを表示しています。

図 10.5: TS3DF：温度

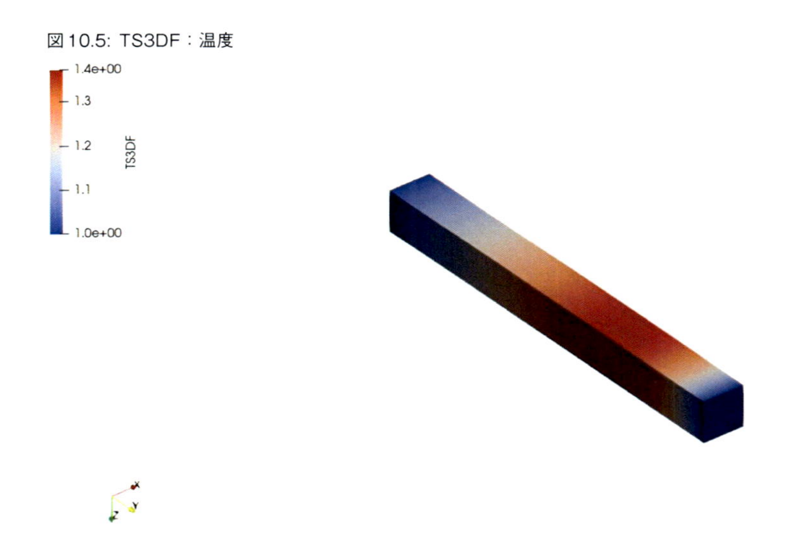

図10.6: VSTRES：応力テンソル

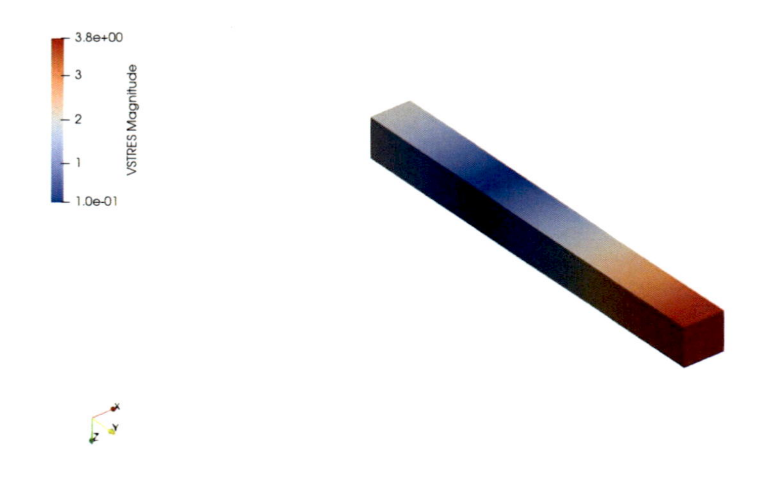

図10.7: V3DF：速度

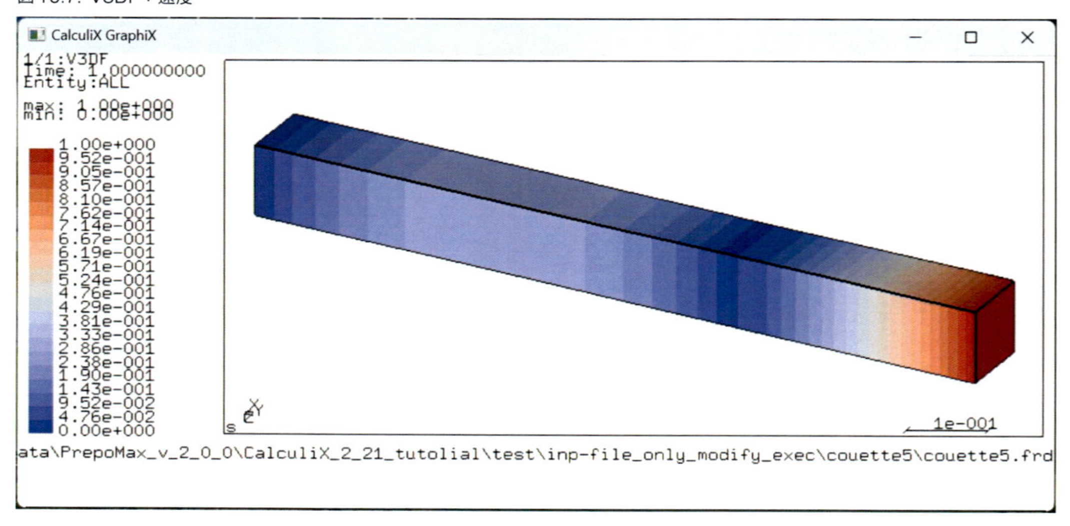

10.3 couette5.inp

全体のノードの定義をし、全体の要素の定義をしたのちに、ノードセットNup、Ndoの定義をしています。

方程式（*EQUATION）。

リスト10.1: *EQUATION

```
*EQUATION
セットの1行目：式の項の数
セットの残りの行（1行あたり最大12エントリー）
最初の変数の節点番号,最初の変数の節点での自由度,最初の変数の係数の値,
2番目の変数の節点番号,2番目の変数の節点での自由度,2番目の変数の係数の値,
・・・
```

自由度1,2,3に対応する変数をそれぞれU,V,Wとし、ノード番号を後置して区別して表記する、例えばノード番号28の2番目の自由度の値を、U28と表記するとすると、リスト10.1の記載から、

*EQUATION
2
3,1,-1.000000000000,2,1,1.000000000000

という記載は、(-1.0)*U3+(1.0)*U2=0という式を表していて、結局のところ、U3=U2という拘束条件を表しています。したがって、*.inpファイルの*EQUATIONの部分は、下記の拘束条件を設定しているのが判ります。

- 前半部の設定により、1番目と2番目の自由度のField量（速度のX成分とY成分）が、（ローカル座標系の）Z方向で対応するノードどうしで同じ値になります。
- 後半部の設定により、11番目の自由度のField量(温度)が、（ローカル座標系の）Z方向で対応するノードどうしで同じ値になります。

座標系の変更（*TRANSFORM）。

リスト10.2: couette5.inp-1

```
**
**   Structure: fluid flow between two plates.
**   Test objective: incompressible Couette flow with fixed
**                   wall temperature. Adverse pressure
**                   gradient of 6.
**                   velocity: -1/3 at 1/3 of height
**
*NODE, NSET=Nall
       1,1.000000000000e-01,1.000000000000e+00,0.000000000000e+00
～中略～
      84,0.000000000000e+00,0.000000000000e+00,1.000000000000e-01
*ELEMENT, TYPE=F3D8, ELSET=Eall
    1,     1,     2,     3,     4,     5,     6,     7,     8
```

```
～中略～
    20,    77,    81,    82,    78,    79,    83,    84,    80

*EQUATION
5                                                    ** 前半部
1,1,-1.000000000000
5,1,1.000000000000
6,1,0.000000000000
7,1,0.000000000000
8,1,0.000000000000
*EQUATION
5
1,2,-1.000000000000
5,2,1.000000000000
6,2,0.000000000000
7,2,0.000000000000
8,2,0.000000000000
*EQUATION
5
2,1,-1.000000000000
5,1,0.000000000000
6,1,1.000000000000
7,1,0.000000000000
8,1,0.000000000000
～中略～
*EQUATION
5
81,2,-1.000000000000
79,2,0.000000000000
83,2,1.000000000000
84,2,0.000000000000
80,2,0.000000000000
*EQUATION
5
82,1,-1.000000000000
79,1,0.000000000000
83,1,0.000000000000
84,1,1.000000000000
80,1,0.000000000000
*EQUATION
5
```

```
82,2,-1.000000000000
79,2,0.000000000000
83,2,0.000000000000
84,2,1.000000000000
80,2,0.000000000000      ** 前半部(ここまで)

*EQUATION
5                                             ** 後半部
1,11,-1.000000000000
5,11,1.000000000000
6,11,0.000000000000
7,11,0.000000000000
8,11,0.000000000000
*EQUATION
5
2,11,-1.000000000000
5,11,0.000000000000
6,11,1.000000000000
7,11,0.000000000000
8,11,0.000000000000
*EQUATION
5
3,11,-1.000000000000
5,11,0.000000000000
6,11,0.000000000000
7,11,1.000000000000
8,11,0.000000000000
～中略～
*EQUATION
5
78,11,-1.000000000000
75,11,0.000000000000
79,11,0.000000000000
80,11,1.000000000000
76,11,0.000000000000
*EQUATION
5
81,11,-1.000000000000
79,11,0.000000000000
83,11,1.000000000000
84,11,0.000000000000
```

```
80,11,0.000000000000
*EQUATION
5
82,11,-1.000000000000
79,11,0.000000000000
83,11,0.000000000000
84,11,1.000000000000
80,11,0.000000000000            ** 後半部(ここまで)

*NSET,NSET=Nup
5,
8,
*NSET,NSET=Ndo
83,
84,
*NSET,NSET=Nin
5,
～中略～
84,
*NSET,NSET=Nout
1,
～中略～
82,
```

マテリアルWATERの物性値を定義しています。DENSITYは密度、FLUID CONSTANTSは順に、一定圧力下の比熱（Specific heat at constant pressure）と粘性係数（Dynamic viscosity）です。3つ目の温度は省略可能です。圧縮性流体解析や熱流体解析の場合は、温度の指定が必要です。紛らわしいですが、動粘性係数（動粘度）は、Kinematic viscosityです。最後のCONDUCTIVITYは熱伝導率です。

リスト10.3: CalculiXのマニュアルより

```
Example:
 *FLUID CONSTANTS
 1.032E9,71.1E-13,100.

 defines the specific heat and dynamic viscosity for air at 100 K
 in a unit system using N, mm, s and K:
 cp = 1.032 × 10^9 mm^2/s^2K
 and μ  = 71.1 × 10^(−13) Ns/mm^2.

100Kの空気の比熱と粘性係数の定義。単位は、N、mm、s、K。比熱cp = 1.032×10^9 [mm^2/s^2K]、粘
```

```
性係数μ  = 71.1 × 10^(−13) [Ns/mm^2].

※  μの単位の次元が、動粘性係数でなく粘性係数になっているのを確認してください。
※  上付文字が使用できないため、累乗を示す数字が通常のサイズになっているのに注意してください。
```

リスト10.4: couette5.inp-2

```
*MATERIAL,NAME=WATER
*DENSITY
1.
*FLUID CONSTANTS
1.,1.
*CONDUCTIVITY
1.
```

セクションの指定（*SOLID SECTION）。1Dのネットワーク要素でなく3Dの要素という意味で、"*SOLID SECTION"なのでしょう。"SOLID"を固体だと思うと、つい"FLUID"と入力したくなります。

初期値の速度の指定（*INITIAL CONDITIONS）。各行の"**"は説明用に追記したもので、そのように*.inpの内容を記載しても動作しないかもしれません。

計算ステップ（*STEP,INCF=5000）。INCFはインクリメント最大値。

定常非圧縮性層流の流体計算（*CFD,STEADY STATE）。パラメータCOMPRESSIBLEが記載されていないため、（デフォルトの）非圧縮性になります。パラメータTURBULENCEMODELが記載されていないため、（デフォルトの）層流モデルでの計算になります。２行目は、順に、初期時間インクリメント、ステップの時間間隔（デフォルトは1）、許容最小時間インクリメント、許容最大時間インクリメント、CFD問題のセーフティファクターです。記載されていないときはデフォルトの値が採用されます。

表10.1: パラメータの説明

2行目のパラメータ	説明
初期時間インクリメント	デフォルトは1。1行目のパラメーターにDIRECTが指定されていない場合、計算途中で、この値は自動インクリメントによって変更されます。パラメーターDIRECTの指定の有無に関わらず、最初のインクリメントは指定した値となります。
ステップの時間間隔	デフォルトは1。計算終了までの時間です。
許容最小時間インクリメント	DIRECTが指定されていない場合のみ有効。デフォルトは、初期時間インクリメントまたはステップの時間間隔の1.e-5倍のうちのどちらか小さいほう。
許容最大時間インクリメント	デフォルトは1.e+30。DIRECTが指定されていない場合のみ有効。
セーフティファクター	デフォルトは1.25。ユーザーが指定する場合はこれより大きな値にしてください。時間増分を除算する、対流特性と拡散特性に基づいて計算された安全係数。

リスト10.5: couette5.inp-3

```
*SOLID SECTION,ELSET=Eall,MATERIAL=WATER
*INITIAL CONDITIONS,TYPE=PRESSURE
Nall,1.                  ** 圧力 = 1.
*INITIAL CONDITIONS,TYPE=FLUID VELOCITY
Nall,1,0.                ** X方向の速度成分 = 0.
Nall,2,0.                ** Y方向の速度成分 = 0.
Nall,3,0.                ** Z方向の速度成分 = 0.
*INITIAL CONDITIONS,TYPE=TEMPERATURE
Nall,1.                  ** 温度 = 1.
*STEP,INCF=5000
*CFD,STEADY STATE
```

境界条件の指定（*BOUNDARY）。各行の"**"は説明用に追記したもので、そのように*.inpの内容を記載しても動作しないかもしれません。

出力の指定（*NODE PRINT、*NODE fileなど）。前述の説明の通り。

リスト10.6: couette5.inp-4

```
*BOUNDARY
*BOUNDARY
Ndo,1,2,0.               ** XとY方向の速度成分 = 0.
Nup,1,1,1.               ** X方向の速度成分 = 1.
Nup,2,2,0.               ** Y方向の速度成分 = 0.
Nall,3,3,0.              ** Z方向の速度成分 = 0.
Nin,8,8,1..              ** 圧力 = 1.(流体解析のみ)
Nout,8,8,1.6.            ** 圧力 = 1.6 (流体解析のみ)
```

```
Ndo,11,11,1.            ** 温度 = 1.
Nup,11,11,1.            ** 温度 = 1.
～(中略)～
*NODE PRINT,FREQUENCYF=5000,NSET=Nall
VF,TSF            ** それぞれ、流速、静温。
*EL PRINT,ELSET=Eall,FREQUENCYF=5000
SVF               ** 粘性応力。
** ------ Addition ------
*NODE file
VF,TSF            ** それぞれ、流速、静温。
*EL file
SVF               ** 粘性応力。
** ------ Addition ------(end)
*END STEP
```

第11章　couseg

本章では、基本テストの中のcousegケースについて説明します。

11.1　境界条件

Ninは内側（-X側）の面、Noutは外側（+X側）の面です。Nradは半径方向です。

図11.1: NodeSets:Nin

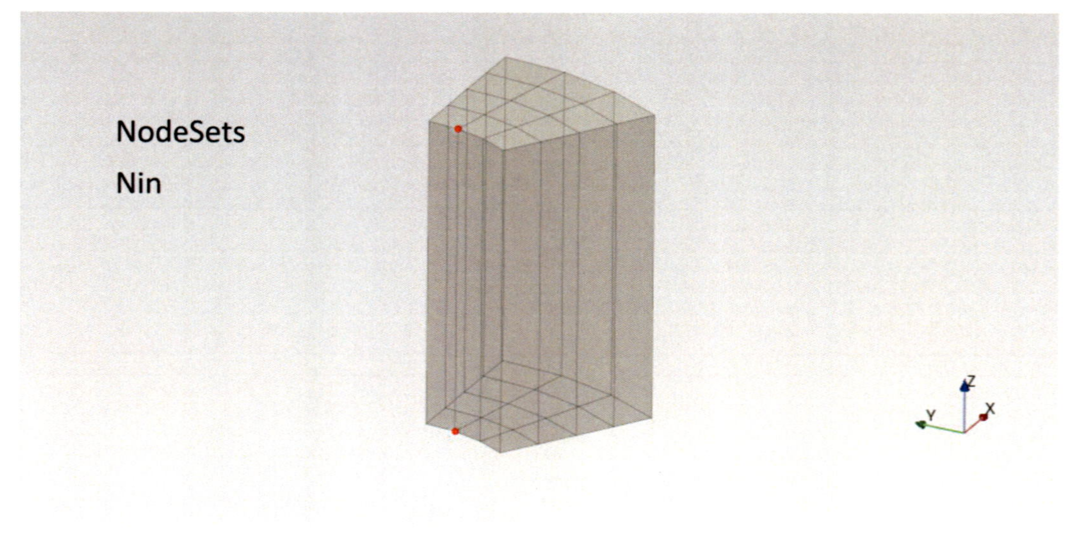

図 11.2: NodeSets:Nout

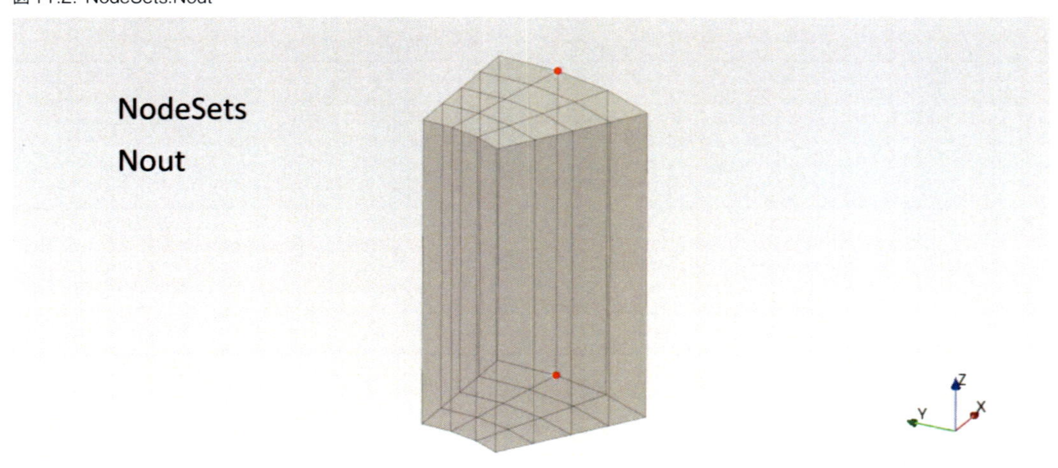

図 11.3: NodeSets:Nrad

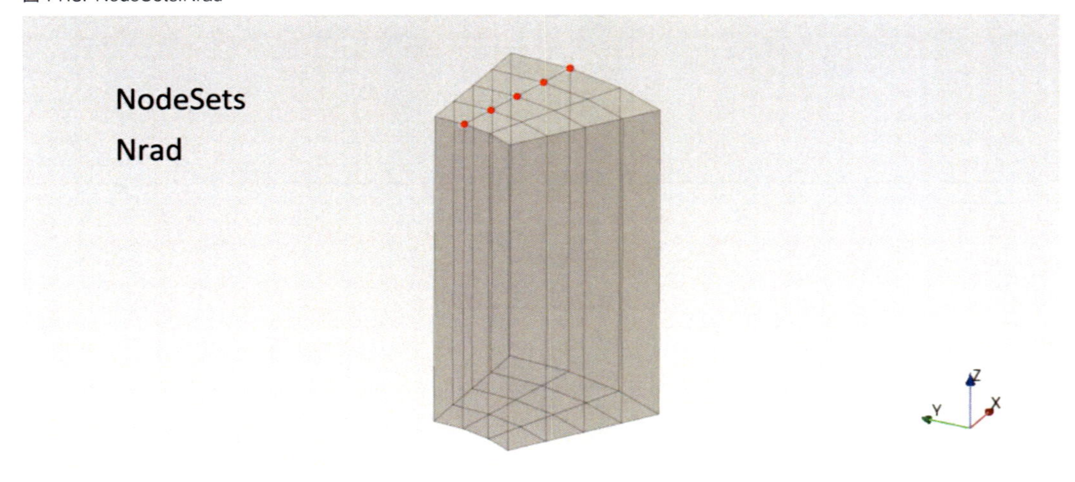

11.2 計算結果

PSは静圧で、TSは静温（通常の温度）で、3DFは3D-Fluidのことです。PS3DFとTS3DFの変数名はそれぞれPSFとTSFです。V3DFは3D流体要素の流速ベクトルで、その変数名はVFです。構造解析の動解析のときの速度はVELOで、その変数名はVです。図11.6は流速の大きさを表示しています。

図 11.4: PS3DF：静圧

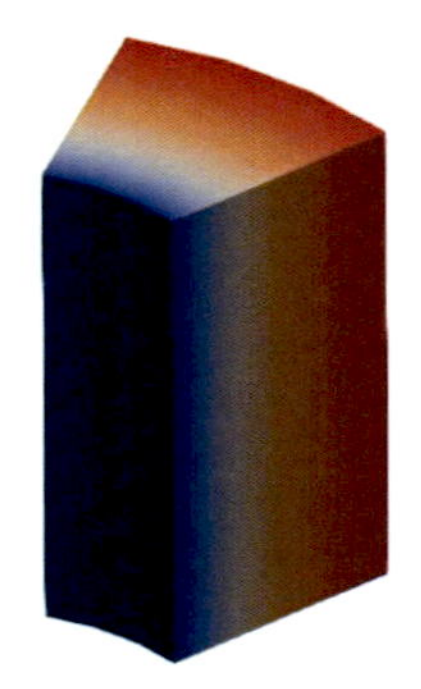

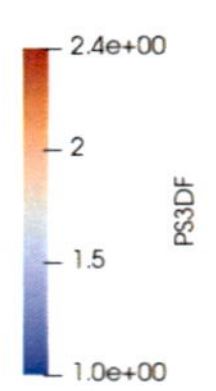

図 11.5: TS3DF：温度

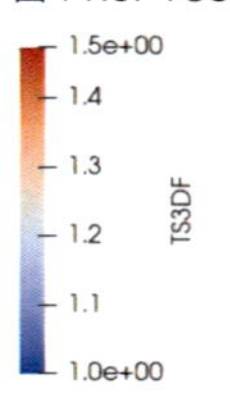

図 11.6: V3DF：速度

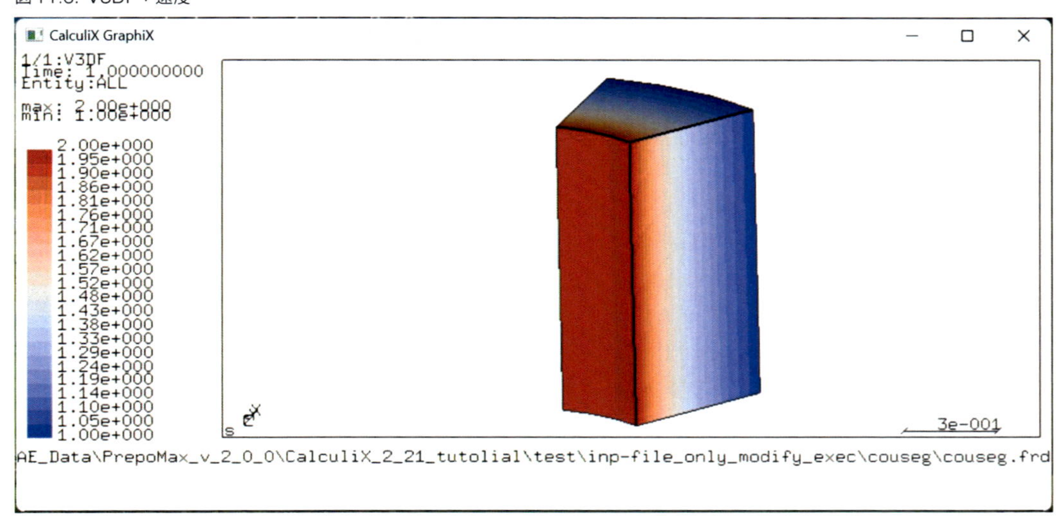

11.3 couseg.inp

全体のノードの定義をし、全体の要素の定義をしたのちに、ノードセットNin、Noutの定義をしています。ノードセットNradの定義は、あとで出てきます。

方程式（*EQUATION）。

リスト 11.1: *EQUATION

```
*EQUATION
セットの1行目：式の項の数
セットの残りの行（1行あたり最大12エントリー）
最初の変数の節点番号,最初の変数の節点での自由度,最初の変数の係数の値,
2番目の変数の節点番号,2番目の変数の節点での自由度,2番目の変数の係数の値,
・・・
```

自由度1,2,3に対応する変数をそれぞれU,V,Wとし、ノード番号を後置して区別して表記する、例えばノード番号28の2番目の自由度の値を、U28と表記するとすると、リスト11.1の記載から、

*EQUATION
2
3,1,-1.000000000000,2,1,1.000000000000

という記載は、(-1.0)*U3+(1.0)*U2=0という式を表していて、結局のところ、U3=U2という拘束条

件を表しています。

リスト11.2: couseg.inp-1

```
**
**   Structure: fluid flow between two cylinders.
**   Test objective: incompressible Couette flow with fixed
**                   wall temperature: cyclic boundary conditions
**                   pressure at the outside: 2.5
**                   max temperature: 1.5
**                   only applying cyclic conditions at the boundaries
**                   of the 33.75 degrees segment leads to a non-
**                   axisymmetric result.
**
*NODE, NSET=Nall
       1,1.000000000000e+00,0.000000000000e+00,-1.000000000000e+00
～中略～
      40,4.157348061513e-01,-2.777851165098e-01,0.000000000000e+00
*ELEMENT, TYPE=F3D8, ELSET=Eall
     1,     1,     2,     3,     4,     5,     6,     7,     8
～中略～
    12,    29,    37,    39,    31,    30,    38,    40,    32
*NSET,NSET=Nin
34,
36,
*NSET,NSET=Nout
4,
8,


*EQUATION
2                                                        ** 前半部
1,1,1.000000000000, 4,1,-1.000000000000
*EQUATION
2
2,1,1.000000000000, 3,1,-1.000000000000
*EQUATION
2
5,1,1.000000000000, 8,1,-1.000000000000
*EQUATION
～中略～
*EQUATION
```

```
2
32,2,1.000000000000, 30,2,-1.000000000000
*EQUATION
2
39,2,1.000000000000, 37,2,-1.000000000000
*EQUATION
2
40,2,1.000000000000, 38,2,-1.000000000000        ** 前半部(ここまで)

*EQUATION
2                                                ** 中盤部
1,11,1.000000000000, 4,11,-1.000000000000
*EQUATION
2
2,11,1.000000000000, 3,11,-1.000000000000
*EQUATION
2
5,11,1.000000000000, 8,11,-1.000000000000
～中略～
*EQUATION
2
32,11,1.000000000000, 30,11,-1.000000000000
*EQUATION
2
39,11,1.000000000000, 37,11,-1.000000000000
*EQUATION
2
40,11,1.000000000000, 38,11,-1.000000000000      ** 中盤部(ここまで)

*EQUATION
2                                                ** 後半部
1,8,1.000000000000, 4,8,-1.000000000000          8番目の自由度が何か不明。
*EQUATION
2
2,8,1.000000000000, 3,8,-1.000000000000
*EQUATION
2
5,8,1.000000000000, 8,8,-1.000000000000
～中略～
*EQUATION
2
```

```
32,8,1.000000000000, 30,8,-1.000000000000
*EQUATION
2
39,8,1.000000000000, 37,8,-1.000000000000
*EQUATION
2
40,8,1.000000000000, 38,8,-1.000000000000        ** 後半部(ここまで)
```

マテリアルWATERの物性値を定義しています。DENSITYは密度、FLUID CONSTANTSは順に、一定圧力下の比熱（Specific heat at constant pressure）と粘性係数（Dynamic viscosity）です。3つ目の温度は省略可能です。圧縮性流体解析や熱流体解析の場合は、温度の指定が必要です。紛らわしいですが、動粘性係数（動粘度）は、Kinematic viscosityです。最後のCONDUCTIVITYは熱伝導率です。

リスト11.3: CalculiXのマニュアルより

```
Example:
 *FLUID CONSTANTS
 1.032E9,71.1E-13,100.

 defines the specific heat and dynamic viscosity for air at 100 K
 in a unit system using N, mm, s and K:
 cp = 1.032 × 10^9 mm^2/s^2K
 and μ  = 71.1 × 10^(−13) Ns/mm^2.

100Kの空気の比熱と粘性係数の定義。単位は、N、mm、s、K。比熱cp = 1.032×10^9 [mm^2/s^2K]、粘性係数μ  = 71.1 × 10^(−13) [Ns/mm^2].

※  μの単位の次元が、動粘性係数でなく粘性係数になっているのを確認してください。
※  上付文字が使用できないため、累乗を示す数字が通常のサイズになっているのに注意してください。
```

リスト11.4: couseg.inp-2

```
*MATERIAL,NAME=WATER
*DENSITY
1.
*FLUID CONSTANTS
1.,1.
*CONDUCTIVITY
1.
```

セクションの指定（*SOLID SECTION）。1Dネットワーク要素でなく3Dの要素という意味で、"*SOLID SECTION"なのでしょう。"SOLID"を固体だと思うと、つい"FLUID"と入力したくなります。

初期値の速度の指定（*INITIAL CONDITIONS）。各行の"**"は説明用に追記したもので、そのように*.inpの内容を記載しても動作しないかもしれません。

座標系の変更（*TRANSFORM）。

リスト11.5: CalculiXのマニュアルより

```
Example:
 *TRANSFORM,NSET=No1,TYPE=R
 0.,1.,0.,0.,0.,1.

 assigns a new rectangular coordinate system to the nodes belonging
to (node) set No1. The x- and the y-axes in the local system are
the y- and z-axes in the global system.

(ノード)セット No1 に属するノードに新しい直交座標系を割り当てます。ローカル座標系のx'軸とy'軸は、グローバル座標系のy 軸とz軸になります。

※ TYPEに指定できるものは、今のところ、R（デフォルト；rectangular）とC（cylindrical）のみです。

※ ２行目の６個のパラメーターは、それぞれ、グローバル座標系でのa点の座標（Xa,Ya,Za)、b点の座標（Xb,Yb,Zb）です。

ローカル直交座標系を選択したときは、原点と点aを結ぶベクトルがX'軸、点bはX'Y'平面上の点です。マニュアルの図から類推すると、原点と点aを結ぶベクトルと原点と点bを結ぶベクトルが直交していなくても、ローカル直交座標系のX'軸とY'軸は直交し、ローカル直交座標系のZ'軸はX'Y'平面と直交すると思われます。ローカル円筒座標系を選択したときは、始点aと終点bを結ぶベクトルが、Z'軸(ローカル円筒座標系の軸)になります。マニュアルの図から類推すると、点aと点bの中点がローカル円筒座標系の原点になると思われます。
```

リスト11.5の記載から、*.inpファイルでグローバル座標系のZ軸をローカル円筒座標系のZ軸にしているのが判ります。以後、座標系は、X→R、Y→θ、Z→Z　の意味になります。

計算ステップ（*STEP,INCF=500）。INCFはインクリメント最大値。

定常非圧縮性層流の流体計算（*CFD,STEADY STATE）。パラメータSTEADY STATEが記載されているため定常計算となります。パラメータCOMPRESSIBLEが記載されていないため、（デフォルトの）非圧縮性になります。パラメータTURBULENCEMODELが記載されていないため、（デフォルトの）層流モデルでの計算になります。２行目は、順に、初期時間インクリメント、ステップの時間間隔（デフォルトは1）、許容最小時間インクリメント、許容最大時間インクリメント、CFD問題のセーフティファクターです。記載されていないときはデフォルトの値が採用されます。

表11.1: パラメータの説明

2行目のパラメータ	説明
初期時間インクリメント	デフォルトは1。1行目のパラメーターにDIRECTが指定されていない場合、計算途中で、この値は自動インクリメントによって変更されます。パラメーターDIRECTの指定の有無に関わらず、最初のインクリメントは指定した値となります。
ステップの時間間隔	デフォルトは1。計算終了までの時間です。
許容最小時間インクリメント	DIRECTが指定されていない場合のみ有効。デフォルトは、初期時間インクリメントまたはステップの時間間隔の1.e-5倍のうちのどちらか小さいほう。
許容最大時間インクリメント	デフォルトは1.e+30。DIRECTが指定されていない場合のみ有効。
セーフティファクター	デフォルトは1.25。ユーザーが指定する場合はこれより大きな値にしてください。時間増分を除算する、対流特性と拡散特性に基づいて計算された安全係数。

リスト11.6: couseg.inp-3

```
*SOLID SECTION,ELSET=Eall,MATERIAL=WATER
*INITIAL CONDITIONS,TYPE=PRESSURE
Nall,1.                 ** 圧力 = 1.
*INITIAL CONDITIONS,TYPE=FLUID VELOCITY
Nall,1,0.               ** X方向の速度成分 = 0.
Nall,2,0.               ** Y方向の速度成分 = 0.
Nall,3,0.               ** Y方向の速度成分 = 0.
*INITIAL CONDITIONS,TYPE=TEMPERATURE
Nall,0.                 ** 温度 = 0.
*TRANSFORM,TYPE=C,NSET=Nall
0.,0.,0.,0.,0.,1.
*NSET,NSET=Nrad         ** ノードセットNradの設定
36,28,20,7,8
*STEP,INCF=500
*CFD,STEADY STATE
```

境界条件の指定（*BOUNDARY）。各行の"**"は説明用に追記したもので、そのように*.inpの内容を記載しても動作しないかもしれません。

出力の指定（*NODE PRINT、*NODE fileなど）。前述の説明の通り。ノードセットNradは*.datファイルへの出力のために必要だったと判ります。

リスト11.7: couseg.inp-4

```
*BOUNDARY
Nall,3,3,0.      ** Z方向の速度成分 = 0.
Nin,1,1,0.       ** X方向の速度成分 = 0.
Nin,2,2,2.       ** Y方向の速度成分 = 2.
Nout,1,1,0.      ** X方向の速度成分 = 0.
Nout,2,2,1.      ** Y方向の速度成分 = 1.
Nin,8,8,1..      ** 圧力 = 1.(流体解析のみ)
Nin,11,11,1.     ** 温度 = 1.
Nout,11,11,1.    ** 温度 = 1.
*NODE PRINT,FREQUENCYF=500,NSET=Nrad
VF,PSF,TSF       ** それぞれ、流速、静圧、静温。
*NODE FILE
VF,PSF,TSF       ** それぞれ、流速、静圧、静温。
*END STEP
```

第12章　couseg2

本章では、基本テストの中のcouseg2ケースについて説明します。

12.1　境界条件

Ninは内側（-X側）の面、Noutは外側（+X側）の面、Ndepは-Y側の面、Nindは+Y側の面、Nfixzは-Zと+ZY側の面です。Nradは半径方向です。

図12.1: NodeSets:Nin

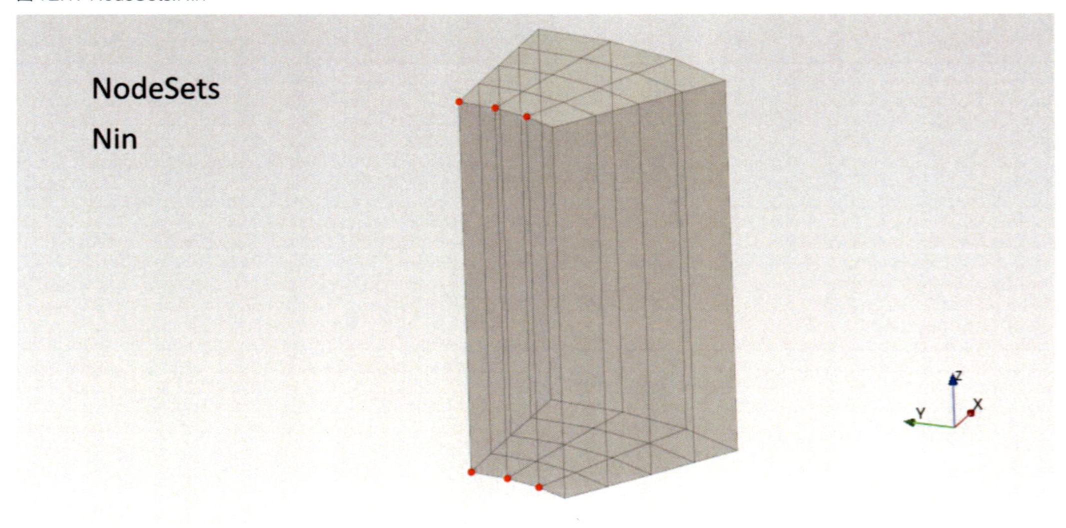

図 12.2: NodeSets:Nout

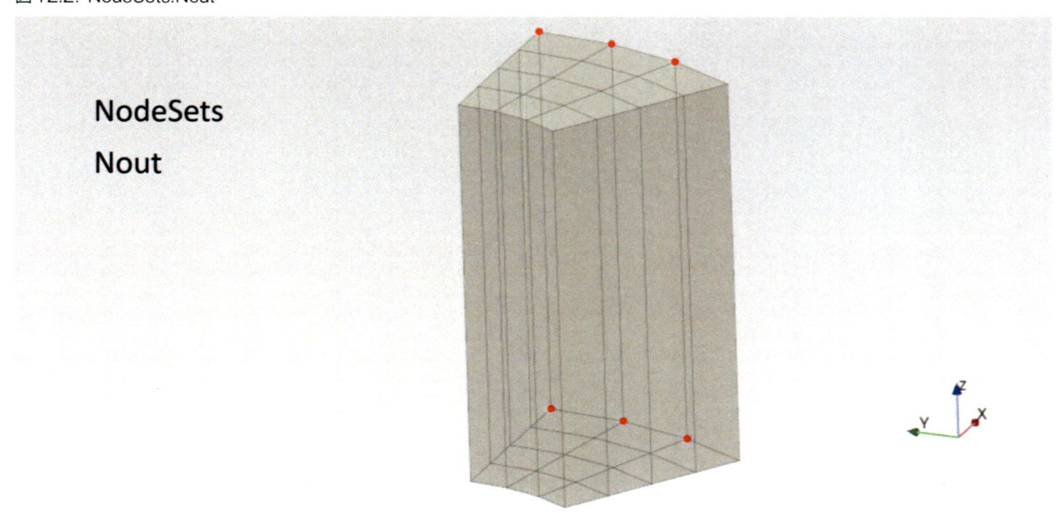

図 12.3: NodeSets:Ndep

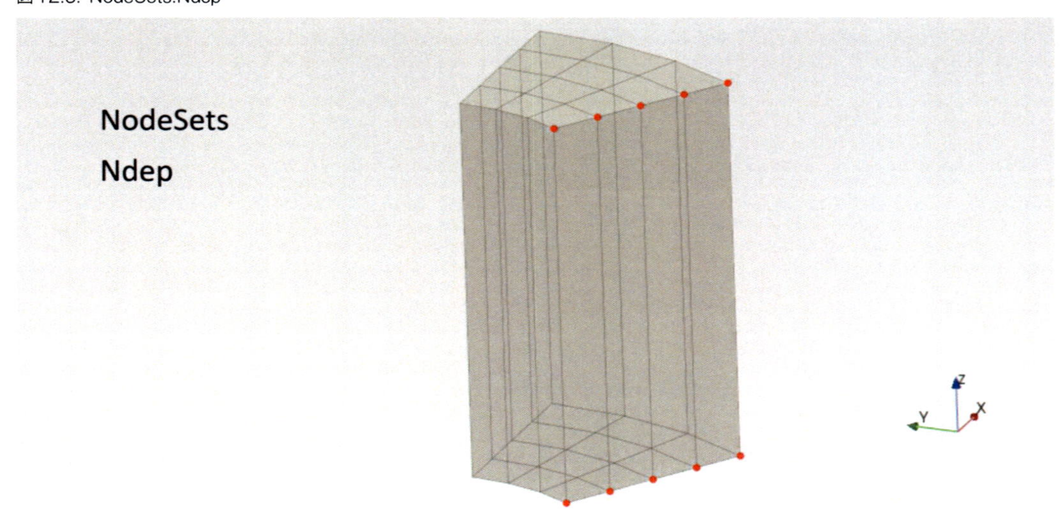

図 12.4: NodeSets:Nind

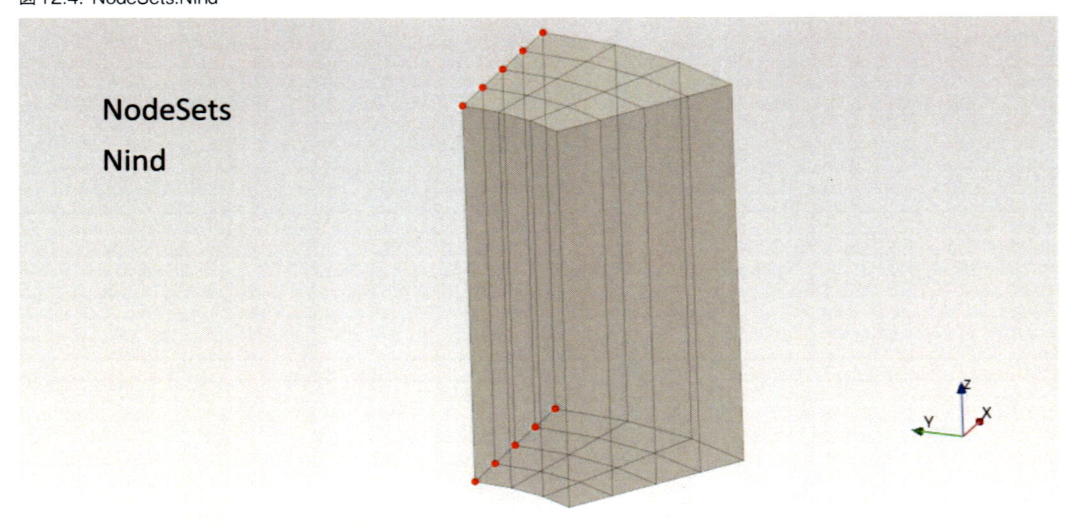

図 12.5: NodeSets:Nfixz

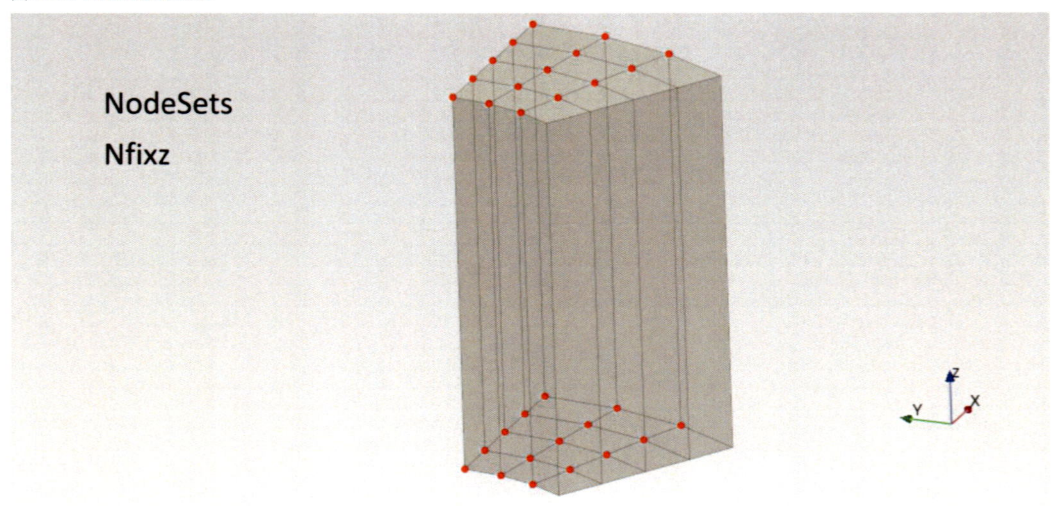

図 12.6: NodeSets:Nrad

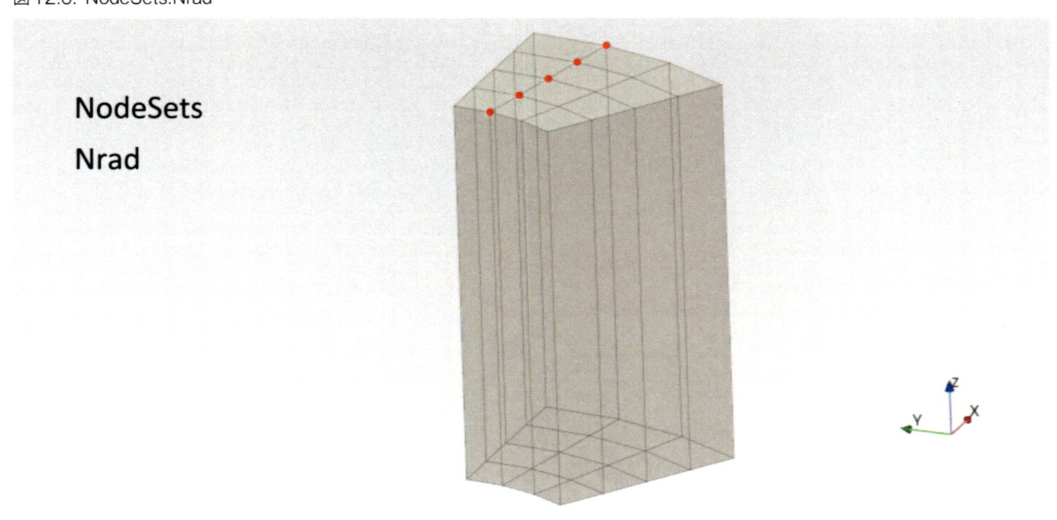

12.2 計算結果

PSは静圧で、TSは静温（通常の温度）で、3DFは3D-Fluidのことです。PS3DFとTS3DFの変数名はそれぞれPSFとTSFです。V3DFは3D流体要素の流速ベクトルで、その変数名はVFです。構造解析の動解析のときの速度はVELOで、その変数名はV です。図12.9は流速の大きさを表示しています。

図 12.7: PS3DF：静圧

図12.8: TS3DF：温度

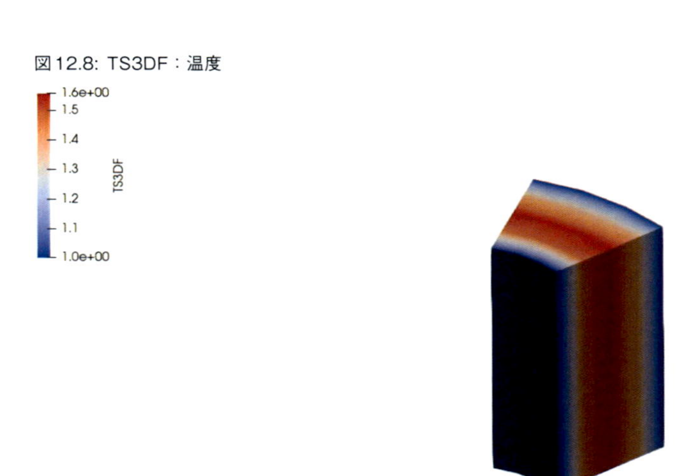

図12.9: V3DF：速度

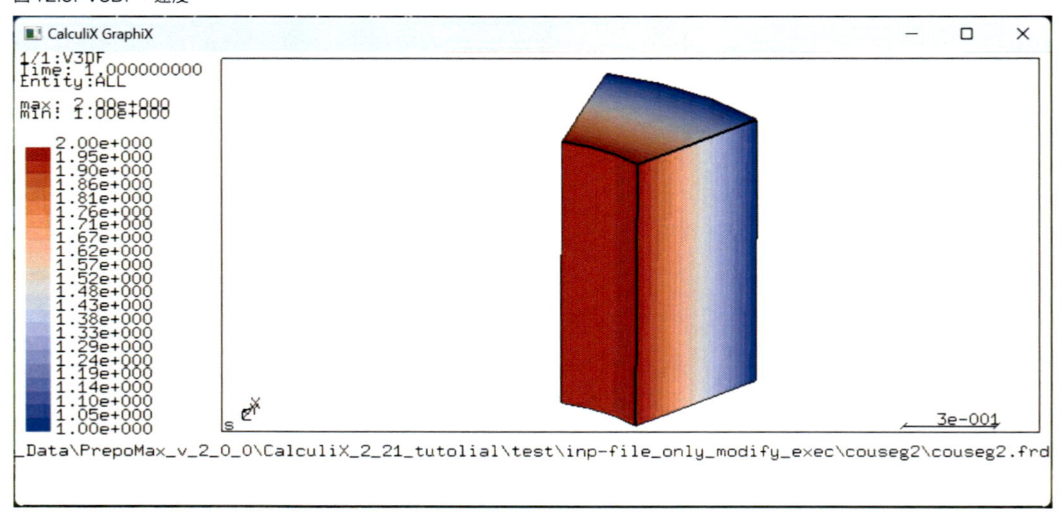

12.3 couseg2.inp

全体のノードの定義をし、全体の要素の定義をしたのちに、ノードセットNin、Nout、Ndep、Nind、Nfixzの定義をしています。ノードセットNradの定義は、あとで出てきます。

リスト12.1: couseg2.inp-1

```
**
**   Structure: fluid flow between two cylinders.
**   Test objective: incompressible Couette flow with fixed
**                   wall temperature: cyclic boundary conditions
```

```
**                    pressure at the outside: 2.5
**                    max temperature: 1.5
**                    results (especially pressure) not axisymmetric
**
*NODE, NSET=Nall
       1,1.000000000000e+00,0.000000000000e+00,-1.000000000000e+00
～中略～
      40,4.157348061513e-01,-2.777851165098e-01,0.000000000000e+00
*ELEMENT, TYPE=F3D8, ELSET=Eall
     1,      1,      2,      3,      4,      5,      6,      7,      8
～中略～
    12,     29,     37,     39,     31,     30,     38,     40,     32
** Names based on in
*NSET,NSET=Nin
34,
36,
～中略～
** Names based on out
*NSET,NSET=Nout
1,
4,
～中略～
** Names based on dep
*NSET,NSET=Ndep
13,
14,
～中略～
** Names based on ind
*NSET,NSET=Nind
1,
2,
～中略～
** Names based on fixz
*NSET,NSET=Nfixz
1,
2,
～中略～
*SURFACE,NAME=left,TYPE=NODE    ** ノードセットNdepの名前をleftにする。
Ndep
*SURFACE,NAME=right,TYPE=NODE   ** ノードセットNindの名前をrightにする。
Nind
```

```
*TIE,CYCLIC SYMMETRY,POSITION TOLERANCE=1.,NAME=T1         ** 周期対称境界
left,right
*CYCLIC SYMMETRY MODEL,N=10.66666666,NGRAPH=1              ** 周期対称境界
0.,0.,0.,0.,0.,1.
```

マテリアルWATERの物性値を定義しています。DENSITYは密度、FLUID CONSTANTSは順に、一定圧力下の比熱(Specific heat at constant pressure)と粘性係数(Dynamic viscosity)です。3つ目の温度は省略可能です。圧縮性流体解析や熱流体解析の場合は、温度の指定が必要です。紛らわしいですが、動粘性係数（動粘度）は、 Kinematic viscosityです。最後のCONDUCTIVITYは熱伝導率です。

リスト12.2: CalculiXのマニュアルより

```
Example:
 *FLUID CONSTANTS
 1.032E9,71.1E-13,100.

 defines the specific heat and dynamic viscosity for air at 100 K
 in a unit system using N, mm, s and K:
 cp = 1.032 × 10^9 mm^2/s^2K
 and μ  = 71.1 × 10^(−13) Ns/mm^2.

100Kの空気の比熱と粘性係数の定義。単位は、N、mm、s、K。比熱cp = 1.032×10^9 [mm^2/s^2K]、粘
性係数μ  = 71.1 × 10^(−13) [Ns/mm^2].

※  μの単位の次元が、動粘性係数でなく粘性係数になっているのを確認してください。
※  上付文字が使用できないため、累乗を示す数字が通常のサイズになっているのに注意してください。
```

リスト12.3: couseg2.inp-2

```
*MATERIAL,NAME=WATER
*DENSITY
1.
*FLUID CONSTANTS
1.,1.
*CONDUCTIVITY
1.
```

セクションの指定（*SOLID SECTION)。1Dネットワーク要素でなく3Dの要素という意味で、"*SOLID SECTION"なのでしょう。"SOLID"を固体だと思うと、つい"FLUID"と入力したくなります。

初期値の速度の指定（*INITIAL CONDITIONS）。各行の"**"は説明用に追記したもので、そのように*.inpの内容を記載しても動作しないかもしれません。

座標系の変更（*TRANSFORM）。

リスト12.4: CalculiXのマニュアルより

```
Example:
 *TRANSFORM,NSET=No1,TYPE=R
 0.,1.,0.,0.,0.,1.

 assigns a new rectangular coordinate system to the nodes belonging
to (node) set No1. The x- and the y-axes in the local system are
the y- and z-axes in the global system.

(ノード)セット No1 に属するノードに新しい直交座標系を割り当てます。ローカル座標系のx'軸とy'軸は、
グローバル座標系のy 軸とz軸になります。

※  TYPEに指定できるものは、今のところ、R（デフォルト；rectangular）とC（cylindrical）のみです。

※  ２行目の６個のパラメーターは、それぞれ、グローバル座標系でのa点の座標（Xa,Ya,Za）、b点の座標
（Xb,Yb,Zb）です。

ローカル直交座標系を選択したときは、原点と点aを結ぶベクトルがX'軸、点bはX'Y'平面上の点です。マ
ニュアルの図から類推すると、原点と点aを結ぶベクトルと原点と点bを結ぶベクトルが直交していなくても、
ローカル直交座標系のX'軸とY'軸は直交し、ローカル直交座標系のZ'軸はX'Y'平面と直交すると思われま
す。ローカル円筒座標系を選択したときは、始点aと終点bを結ぶベクトルが、Z'軸(ローカル円筒座標系の
軸)になります。マニュアルの図から類推すると、点aと点bの中点がローカル円筒座標系の原点になると思わ
れます。
```

リスト12.4の記載から、*.inpファイルでグローバル座標系のZ軸をローカル円筒座標系のZ軸にしているのが判ります。以後、座標系は、X→R、Y→θ、Z→Zの意味になります。

計算ステップ（*STEP,INCF=5000）。INCFはインクリメント最大値。

定常非圧縮性層流の流体計算（*CFD,STEADY STATE）。パラメータSTEADY STATEが記載されているため定常計算となります。パラメータCOMPRESSIBLEが記載されていないため、（デフォルトの）非圧縮性になります。パラメータTURBULENCEMODELが記載されていないため、（デフォルトの）層流モデルでの計算になります。２行目は、順に、初期時間インクリメント、ステップの時間間隔（デフォルトは1）、許容最小時間インクリメント、許容最大時間インクリメント、CFD問題のセーフティファクターです。省略されているときはデフォルト値が採用されます。

表12.1: パラメータの説明

2行目のパラメータ	説明
初期時間インクリメント	デフォルトは1。1行目のパラメーターDIRECTが指定されていない場合、計算途中で、この値は自動インクリメントによって変更されます。パラメーターDIRECTの指定の有無に関わらず、最初のインクリメントは指定した値となります。
ステップの時間間隔	デフォルトは1。計算終了までの時間です。
許容最小時間インクリメント	DIRECTが指定されていない場合のみ有効。デフォルトは、初期時間インクリメントまたはステップの時間間隔の1.e-5倍のうちのどちらか小さいほう。
許容最大時間インクリメント	デフォルトは1.e+30。DIRECTが指定されていない場合のみ有効。
セーフティファクター	デフォルトは1.25。ユーザーが指定する場合はこれより大きな値にしてください。時間増分を除算する、対流特性と拡散特性に基づいて計算された安全係数。

リスト12.5: couseg2.inp-3

```
*SOLID SECTION,ELSET=Eall,MATERIAL=WATER
*INITIAL CONDITIONS,TYPE=PRESSURE
Nall,1.                   ** 圧力 = 1.
*INITIAL CONDITIONS,TYPE=FLUID VELOCITY
Nall,1,0.                 ** X方向の速度成分 = 0.
Nall,2,0.                 ** Y方向の速度成分 = 0.
Nall,3,0.                 ** Z方向の速度成分 = 0.
*INITIAL CONDITIONS,TYPE=TEMPERATURE
Nall,1.                   ** 温度 = 1.
*TRANSFORM,TYPE=C,NSET=Nin
0.,0.,0.,0.,0.,1.
*TRANSFORM,TYPE=C,NSET=Nout
0.,0.,0.,0.,0.,1.
*NSET,NSET=Nrad           ** ノードセットNradの設定
36,28,20,7,8
*STEP,INCF=5000
*CFD,STEADY STATE
1.,1.,,,2.,
```

境界条件の指定（*BOUNDARY）。各行の"**"は説明用に追記したもので、そのように*.inpの内容を記載しても動作しないかもしれません。

出力の指定（*NODE PRINT、*NODE fileなど）。前述の説明の通り。ノードセットNradの使い道は無さそうです。

リスト12.6: couseg2.inp-4

```
*BOUNDARY
Nfixz,3,3,0.     ** Z方向の速度成分 = 0.
Nin,1,1,0.       ** X方向の速度成分 = 0.
Nin,2,2,2.       ** Y方向の速度成分 = 2.
Nout,1,1,0.      ** X方向の速度成分 = 0.
Nout,2,2,1.      ** Y方向の速度成分 = 1.
Nout,11,11,1.    ** 温度 = 1.
Nin,8,8,1.       ** 圧力 = 1.(流体解析のみ)
Nin,11,11,1.     ** 温度 = 1.
*NODE FILE,FREQUENCYF=5000
VF,PSF,TSF       ** それぞれ、流速、静圧、静温。
** ------ Addition ------
*NODE file
VF,PSF,TSF       ** それぞれ、流速、静圧、静温。
** ------ Addition ------(end)
*END STEP
```

第13章　couseg3

本章では、基本テストの中のcouseg3ケースについて説明します。

13.1　境界条件

Ninは内側（-X側）の面、Noutは外側（+X側）の面、Ndepは-Y側の面、Nindは+Y側の面、Nfixzは-Zと+Z側の面です。Nradは半径方向です。

図13.1: NodeSets:Nin

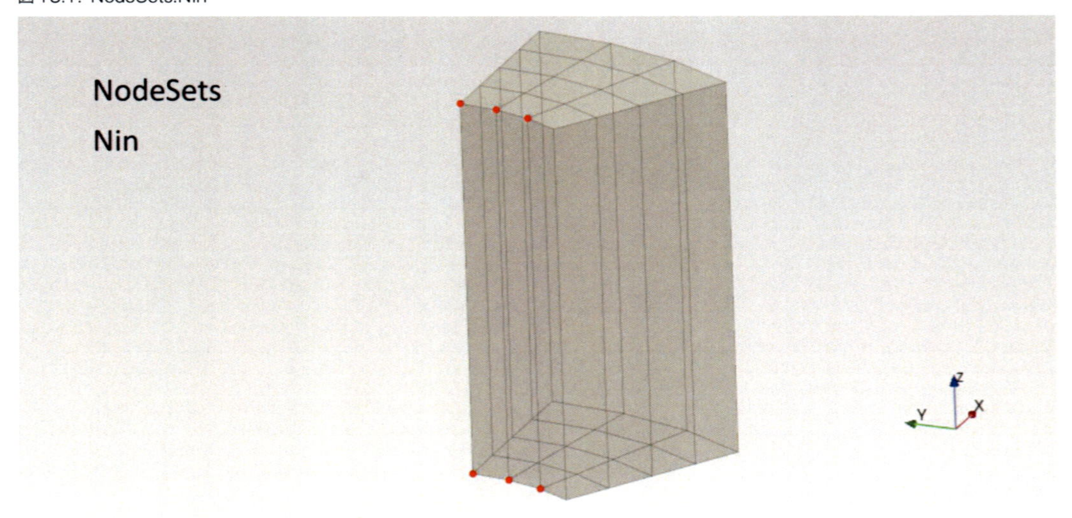

図 13.2: NodeSets:Nout

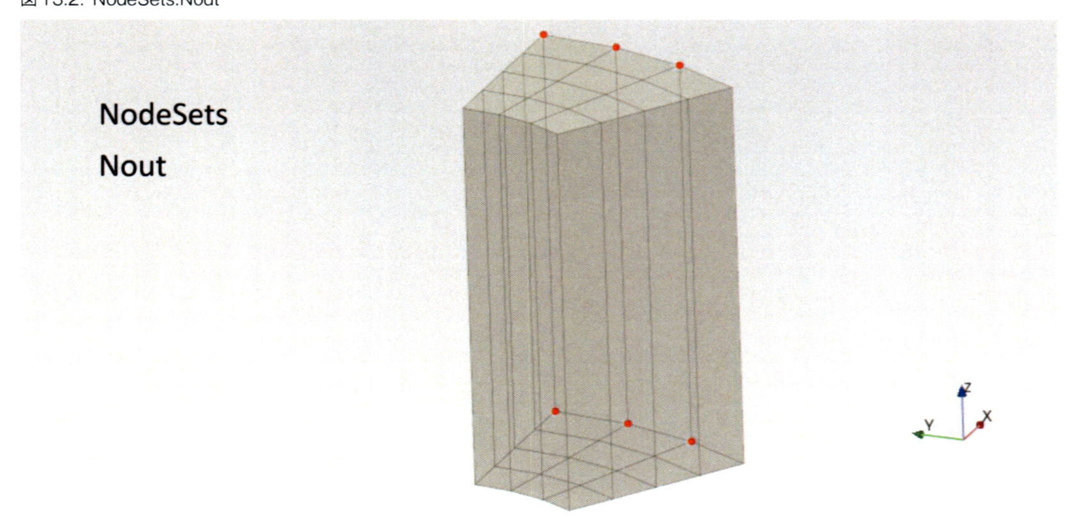

図 13.3: NodeSets:Ndep

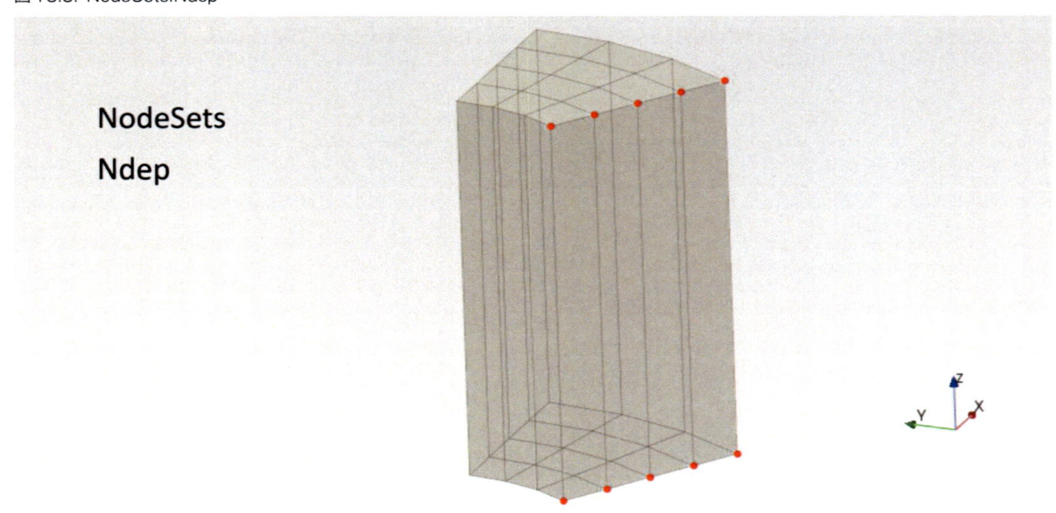

図 13.4: NodeSets:Nind

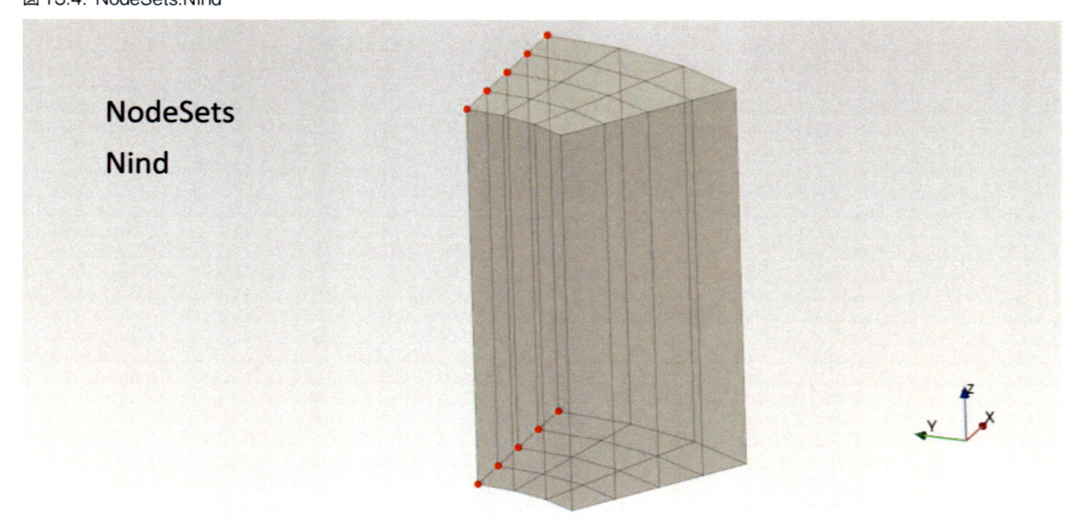

図 13.5: NodeSets:Nfixz

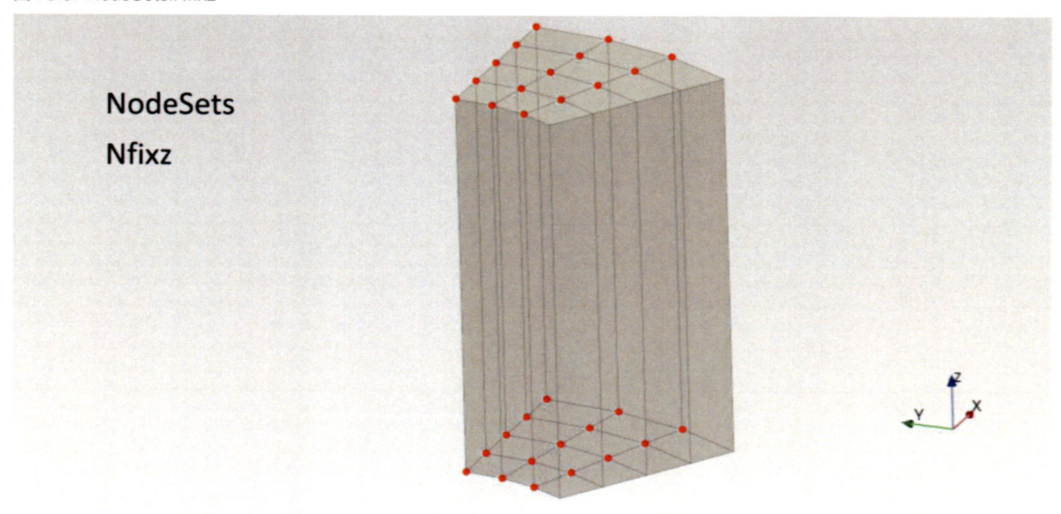

図 13.6: NodeSets:Nrad

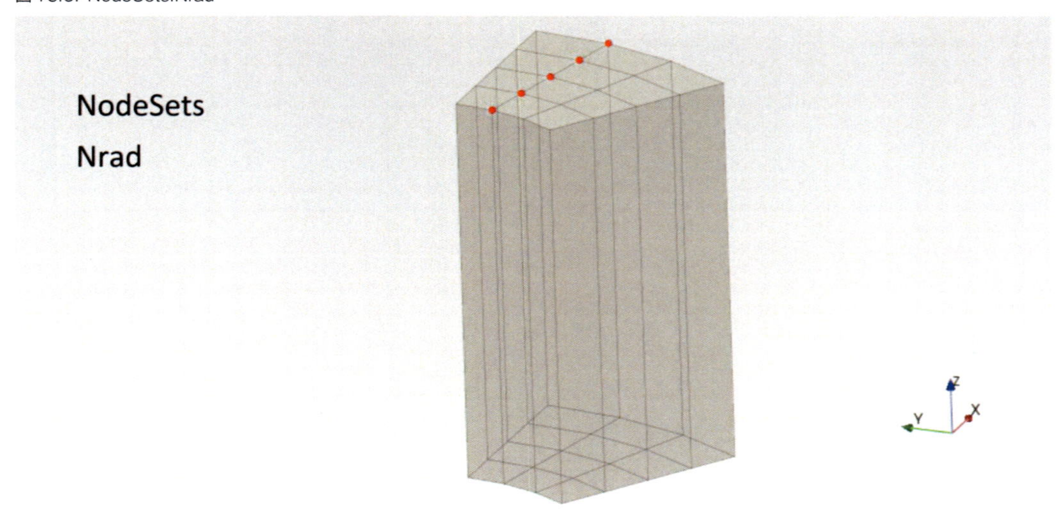

13.2 計算結果

PSは静圧で、TSは静温（通常の温度）で、3DFは3D-Fluidのことです。PS3DFとTS3DFの変数名はそれぞれPSFとTSFです。V3DFは3D流体要素の流速ベクトルで、その変数名はVFです。構造解析の動解析のときの速度はVELOで、その変数名はVです。図13.9は流速の大きさを表示しています。

図 13.7: PS3DF：静圧

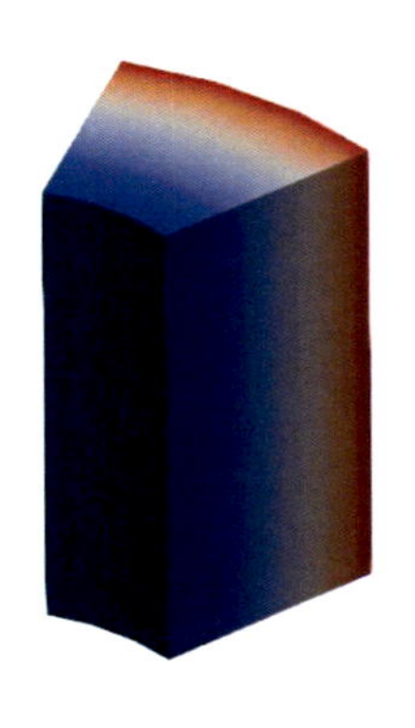

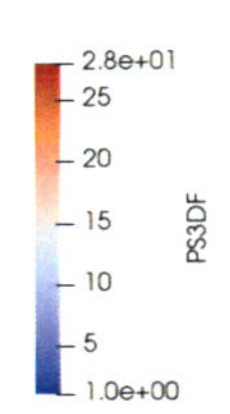

図 13.8: TS3DF：温度

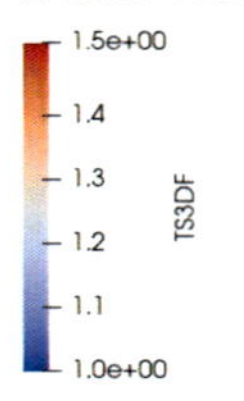

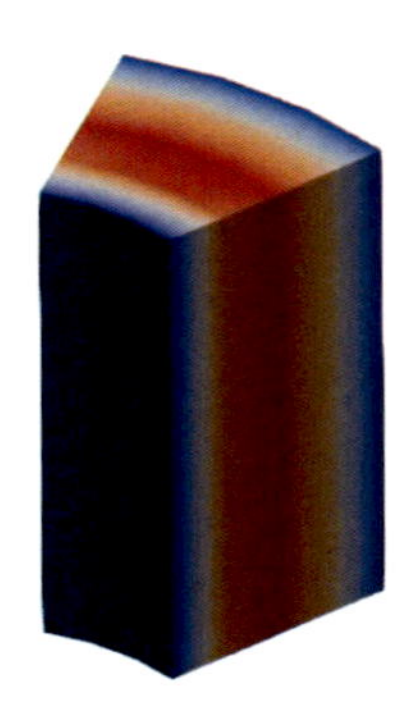

図 13.9: V3DF：速度

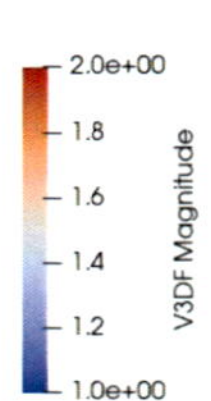

13.3 couseg3.inp

全体のノードの定義をし、全体の要素の定義をしたのちに、ノードセット Nin、Nout、Ndep、Nind、Nfixz の定義をしています。ノードセット Nrad の定義は、あとで出てきます。

リスト 13.1: couseg3.inp-1

```
**
**   Structure: fluid flow between two cylinders.
**   Test objective: compressible Couette flow with fixed
**                   wall temperature: cyclic boundary conditions
```

```
**                    pressure at the outside: theoretically 53.
**                    numerically after 150000 iterations: 168.
**                    max temperature: 1.5
**
*NODE, NSET=Nall
       1,1.000000000000e+00,0.000000000000e+00,-1.000000000000e+00
～中略～
      40,4.157348061513e-01,-2.777851165098e-01,0.000000000000e+00
*ELEMENT, TYPE=F3D8, ELSET=Eall
     1,      1,      2,      3,      4,      5,      6,      7,      8
～中略～
    12,     29,     37,     39,     31,     30,     38,     40,     32
** Names based on in
*NSET,NSET=Nin
34,
36,
～中略～
** Names based on out
*NSET,NSET=Nout
1,
4,
～中略～
** Names based on dep
*NSET,NSET=Ndep
13,
14,
～中略～
** Names based on ind
*NSET,NSET=Nind
1,
2,
～中略～
** Names based on fixz
*NSET,NSET=Nfixz
1,
2,
～中略～
*SURFACE,NAME=left,TYPE=NODE     ** ノードセットNdepの名前をleftにする。
Ndep
*SURFACE,NAME=right,TYPE=NODE    ** ノードセットNindの名前をrightにする。
Nind
```

```
*TIE,CYCLIC SYMMETRY,POSITION TOLERANCE=1.,NAME=T1       ** 周期対称境界
left,right
*CYCLIC SYMMETRY MODEL,N=10.66666666,NGRAPH=1            ** 周期対称境界
0.,0.,0.,0.,0.,1.
```

マテリアルAIRの物性値を定義しています。DENSITYは密度、FLUID CONSTANTSは順に、一定圧力下の比熱（Specific heat at constant pressure）と粘性係数（Dynamic viscosity）です。3つ目の温度は省略可能です。圧縮性流体解析や熱流体解析の場合は、温度の指定が必要です。紛らわしいですが、動粘性係数（動粘度）は、 Kinematic viscosityです。CONDUCTIVITYは熱伝導率です。SPECIFIC GAS CONSTANTは気体定数で、省略されたときはデフォルト値が採用されます。

リスト13.2: CalculiXのマニュアルより

```
Example:
 *FLUID CONSTANTS
 1.032E9,71.1E-13,100.

 defines the specific heat and dynamic viscosity for air at 100 K
 in a unit system using N, mm, s and K:
 cp = 1.032 × 10^9 mm^2/s^2K
 and μ  = 71.1 × 10^(−13) Ns/mm^2.

100Kの空気の比熱と粘性係数の定義。単位は、N、mm、s、K。比熱cp = 1.032×10^9 [mm^2/s^2K]、粘性係数μ  = 71.1 × 10^(−13) [Ns/mm^2].

※  μの単位の次元が、動粘性係数でなく粘性係数になっているのを確認してください。
※  上付文字が使用できないため、累乗を示す数字が通常のサイズになっているのに注意してください。

Example:
*SPECIFIC GAS CONSTANT
287.

defines a specific gas constant with a value of 287. This value
is appropriate for air if Joule is chosen for the unit of energy,
kg as unit of mass and K as unit of temperature,
i.e. R = 287 J/(kg K).

気体定数を287として定義している。単位について、エネルギーがJ、質量がkg、温度がKのとき、空気の気体定数は、R = 287 J/(kg K)です
```

リスト13.3: couseg3.inp-2

```
*MATERIAL,NAME=AIR
*FLUID CONSTANTS
1.,1.,1.
*CONDUCTIVITY
1.
*SPECIFIC GAS CONSTANT
0.285714286d0
```

セクションの指定（*SOLID SECTION）。1Dネットワーク要素でなく3Dの要素という意味で、"*SOLID SECTION"なのでしょう。"SOLID"を固体だと思うと、つい"FLUID"と入力したくなります。

絶対零度の定義（*PHYSICAL CONSTANTS,ABSOLUTE ZERO=0.）。ユーザー単位で指定できます。3D流体計算のときは絶対零度だけが必要です。輻射を計算するときは（*PHYSICAL CONSTANTS, ABSOLUTE ZERO=0, STEFAN BOLTZMANN=5.669E-8）のように、ステファン・ボルツマン定数と絶対零度の両方が必要です。他の例題での*.inpファイルでは記載されていないため、省略したときの絶対零度の値はデフォルト値が採用されるのだと思います。

初期値の速度の指定（*INITIAL CONDITIONS）。各行の"**"は説明用に追記したもので、そのように*.inpの内容を記載しても動作しないかもしれません。

座標系の変更（*TRANSFORM）。

リスト13.4: CalculiXのマニュアルより

```
Example:
 *TRANSFORM,NSET=No1,TYPE=R
 0.,1.,0.,0.,0.,1.

 assigns a new rectangular coordinate system to the nodes belonging
to (node) set No1. The x- and the y-axes in the local system are
the y- and z-axes in the global system.

(ノード)セット No1 に属するノードに新しい直交座標系を割り当てます。ローカル座標系のx'軸とy'軸は、
グローバル座標系のy軸とz軸になります。

※　TYPEに指定できるものは、今のところ、R (デフォルト；rectangular) とC (cylindrical) のみです。

※　2行目の6個のパラメーターは、それぞれ、グローバル座標系でのa点の座標(Xa,Ya,Za)、b点の座標
(Xb,Yb,Zb)です。

ローカル直交座標系を選択したときは、原点と点aを結ぶベクトルがX'軸、点bはX'Y'平面上の点です。マ
```

ニュアルの図から類推すると、原点と点aを結ぶベクトルと原点と点bを結ぶベクトルが直交していなくても、ローカル直交座標系のX'軸とY'軸は直交し、ローカル直交座標系のZ'軸はX'Y'平面と直交すると思われます。ローカル円筒座標系を選択したときは、始点aと終点bを結ぶベクトルが、Z'軸（ローカル円筒座標系の軸）になります。マニュアルの図から類推すると、点aと点bの中点がローカル円筒座標系の原点になると思われます。

リスト13.4の記載から、*.inpファイルでグローバル座標系のZ軸をローカル円筒座標系のZ軸にしているのが判ります。以後、座標系は、X→R、Y→θ、Z→Z　の意味になります。

非定常圧縮性層流の流体計算（STEP,INCF=5000,SHOCK SMOOTHING=0.003）。INCFはインクリメント最大値。**SHOCK SMOOTHINGは圧縮性のときに必要**です。

リスト13.5: SHOCK SMOOTHINGの説明

計算中に衝撃波を平滑する係数で、0.0から2.0の間の値を取り、デフォルトは0.0です。係数の値が小さいと、計算結果がシャープになり計算精度が向上します。係数の値が大きいと、発散しにくくなりますが、計算結果が鈍り計算精度が低下します。計算が収束しないと、このパラメータの値は、前の値がゼロの場合は0.001 に、それ以外の値のときは2倍の値に自動的に増やされて、（場合によっては複数回）計算が繰り返されます。したがって、最初は係数の値をゼロ（デフォルト）にして計算を行ない、収束性が悪いときは徐々に値を大きくしていくのが良いでしょう。

定常**圧縮性**層流の流体計算（*CFD,STEADY STATE,COMPRESSIBLE）。パラメータSTEADY STATEが記載されているため定常計算となります。パラメータCOMPRESSIBLEが記載されているため、圧縮性になります。パラメータTURBULENCEMODELが記載されていないため、（デフォルトの）層流モデルでの計算になります。２行目は、順に、初期時間インクリメント、ステップの時間間隔（デフォルトは1）、許容最小時間インクリメント、許容最大時間インクリメント、CFD問題のセーフティファクターです。記載されていないときはデフォルトの値が採用されます。

表13.1: パラメータの説明

2行目のパラメータ	説明
初期時間インクリメント	デフォルトは1。1行目のパラメーターにDIRECTが指定されていない場合、計算途中で、この値は自動インクリメントによって変更されます。パラメーターDIRECTの指定の有無に関わらず、最初のインクリメントは指定した値となります。
ステップの時間間隔	デフォルトは1。計算終了までの時間です。
許容最小時間インクリメント	DIRECTが指定されていない場合のみ有効。デフォルトは、初期時間インクリメントまたはステップの時間間隔の1.e-5倍のうちのどちらか小さいほう。
許容最大時間インクリメント	デフォルトは1.e+30。DIRECTが指定されていない場合のみ有効。
セーフティファクター	デフォルトは1.25。ユーザーが指定する場合はこれより大きな値にしてください。時間増分を除算する、対流特性と拡散特性に基づいて計算された安全係数。

リスト13.6: couseg3.inp-3

```
*SOLID SECTION,ELSET=Eall,MATERIAL=AIR
*PHYSICAL CONSTANTS,ABSOLUTE ZERO=0.
*INITIAL CONDITIONS,TYPE=PRESSURE
Nall,1.                 ** 圧力 = 1.
*INITIAL CONDITIONS,TYPE=FLUID VELOCITY
Nall,1,0.               ** X方向の速度成分 = 0.
Nall,2,0.               ** Y方向の速度成分 = 0.
Nall,3,0.               ** Z方向の速度成分 = 0.
*INITIAL CONDITIONS,TYPE=TEMPERATURE
Nall,1.                 ** 温度 = 1.
*TRANSFORM,TYPE=C,NSET=Nin
0.,0.,0.,0.,0.,1.
*TRANSFORM,TYPE=C,NSET=Nout
0.,0.,0.,0.,0.,1.
*NSET,NSET=Nrad         ** ノードセットNradの設定
36,28,20,7,8
*STEP,INCF=5000,SHOCK SMOOTHING=0.003
*CFD,STEADY STATE,COMPRESSIBLE
1.,1.,,,1.,
```

境界条件の指定（*BOUNDARY）。各行の"**"は説明用に追記したもので、そのように*.inpの内容を記載しても動作しないかもしれません。

出力の指定（*NODE PRINT、*NODE fileなど）。前述の説明の通り。ノードセットNradの使い

道は無さそうです。

リスト13.7: couseg3.inp-4

```
*BOUNDARY
Nfixz,3,3,0.      ** Z方向の速度成分 = 0.
Nin,1,1,0.        ** X方向の速度成分 = 0.
Nin,2,2,2.        ** Y方向の速度成分 = 2.
Nout,1,1,0.       ** X方向の速度成分 = 0.
Nout,2,2,1.       ** Y方向の速度成分 = 1.
Nout,11,11,1.     ** 温度 = 1.
Nin,8,8,1.        ** 圧力 = 1.(流体解析のみ)
Nin,11,11,1.      ** 温度 = 1.
*NODE FILE,FREQUENCYF=5000
VF,PSF,TSF        ** それぞれ、流速、静圧、静温。
** ------ Addition ------
*NODE file
VF,PSF,TSF        ** それぞれ、流速、静圧、静温。
** ------ Addition ------(end)
*END STEP
```

第14章　cousegcomp

本章では、基本テストの中のcousegcompケースについて説明します。

14.1　境界条件

Ninは内側（-X側）の面、Noutは外側（+X側）の面です。Nradは半径方向です。

図14.1: NodeSets:Nin

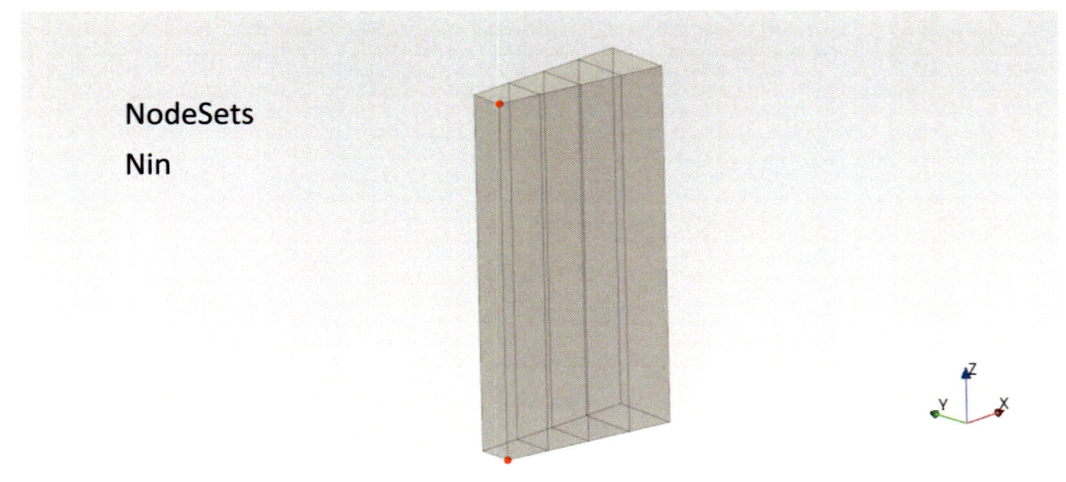

図 14.2: NodeSets:Nout

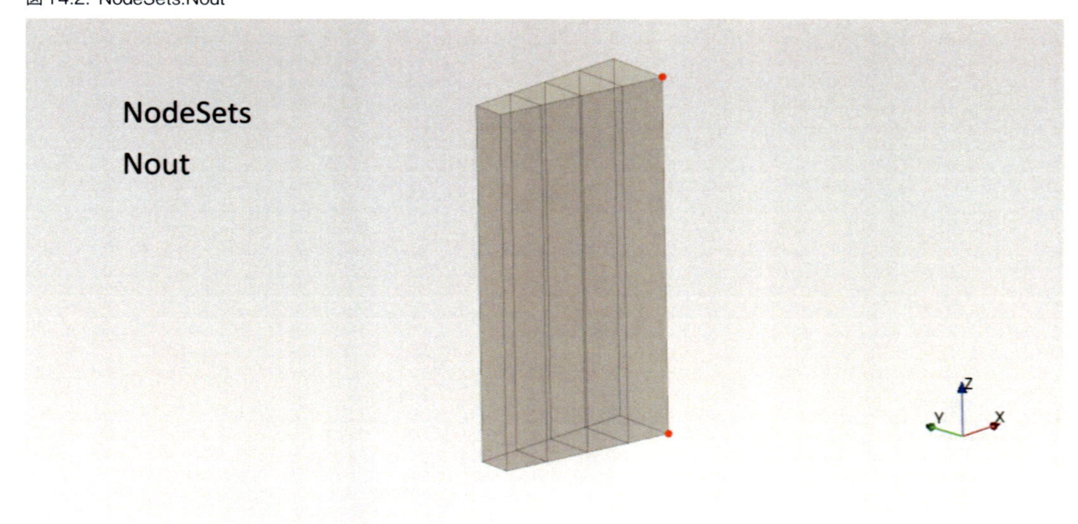

図 14.3: NodeSets:Nrad

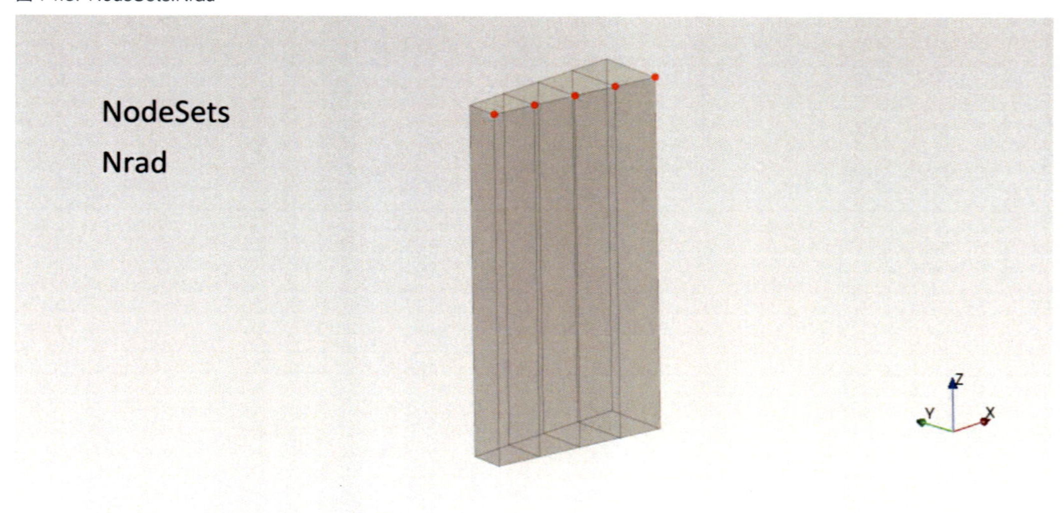

14.2 計算結果

FPSは静圧で、TSは静温（通常の温度）で、3DFは3D-Fluidのことです。PS3DFとTS3DFの変数名はそれぞれPSFとTSFです。V3DFは3D流体要素の流速ベクトルで、その変数名はVFです。構造解析の動解析のときの速度はVELOで、その変数名はVです。図14.6は流速の大きさを表示しています。

図 14.4: PS3DF：静圧

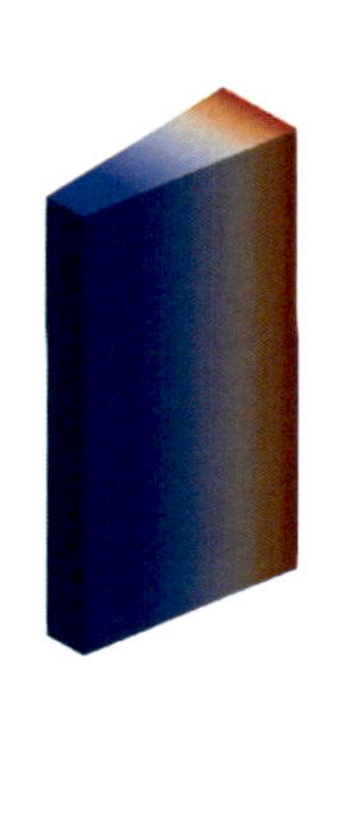

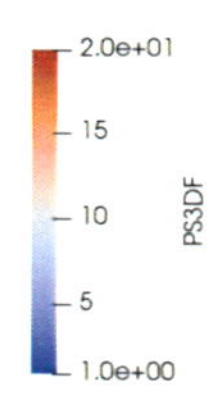

図 14.5: TS3DF：温度

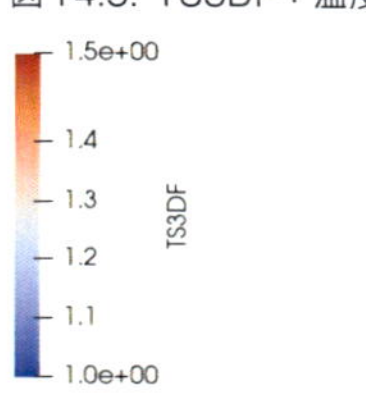

図 14.6: V3DF：速度

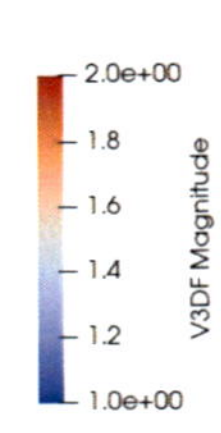

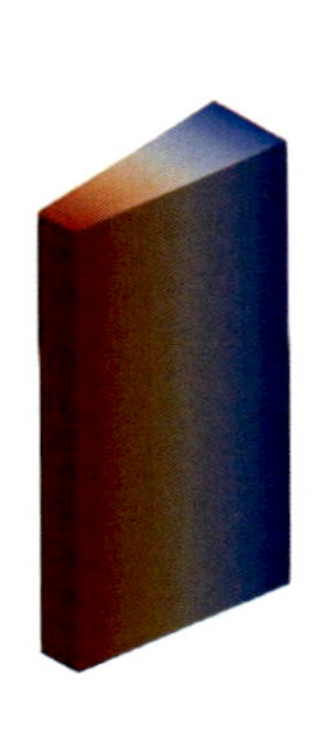

14.3 cousegcomp.inp

全体のノードの定義をし、全体の要素の定義をしたのちに、ノードセットNin、Noutの定義をしています。ノードセットNradの定義は、あとで出てきます。

方程式（*EQUATION）。

リスト 14.1: *EQUATION

```
*EQUATION
セットの1行目：式の項の数
セットの残りの行（1行あたり最大12エントリー）
最初の変数の節点番号,最初の変数の節点での自由度,最初の変数の係数の値,
2番目の変数の節点番号,2番目の変数の節点での自由度,2番目の変数の係数の値,
・・・
```

自由度1,2,3に対応する変数をそれぞれU,V,Wとし、ノード番号を後置して区別して表記する、例えばノード番号28の2番目の自由度の値を、U28と表記するとすると、リスト14.1の記載から、

*EQUATION
2
3,1,-1.000000000000,2,1,1.000000000000

という記載は、(-1.0)*U3+(1.0)*U2=0という式を表していて、結局のところ、U3=U2という拘束条

件を表しています。したがって、*.inpファイルの*EQUATIONの部分は、下記の拘束条件を設定しているのが判ります。

・前半部の設定により、1番目と2番目の自由度のField量（速度のX成分とY成分）が、（ローカル座標系の）Z方向で対応するノードどうしで同じ値になります。

・後半部の設定により、11番目の自由度のField量（温度）が、（ローカル座標系の）Z方向で対応するノードどうしで同じ値になります。

リスト14.2: cousegcomp.inp-1

```
**
**   Structure: fluid flow between two cylinders.
**   Test objective: compressible Couette flow with fixed
**                   wall temperature: cyclic boundary conditions
**                   pressure at the outside: > 15 (is reached after
**                   20,000 iterations)
**                   max temperature: 1.5
**
*NODE, NSET=Nall
       1,1.000000000000e+00,0.000000000000e+00,-1.000000000000e+00
～中略～
      36,4.903926402016e-01,-9.754516100806e-02,0.000000000000e+00
*ELEMENT, TYPE=F3D8, ELSET=Eall
     1,      1,      2,      3,      4,      5,      6,      7,      8
     4,      2,     17,     18,      3,      6,     19,     20,      7
     7,     17,     25,     26,     18,     19,     27,     28,     20
    10,     25,     33,     34,     26,     27,     35,     36,     28

** cycmpc based on set dep indep
*EQUATION
2
1,8,1.000000000000, 4,8,-1.000000000000
*EQUATION
2
2,8,1.000000000000, 3,8,-1.000000000000
*EQUATION
2
5,8,1.000000000000, 8,8,-1.000000000000
～中略～
*EQUATION
2
33,8,1.000000000000, 34,8,-1.000000000000
```

```
*EQUATION
2
35,8,1.000000000000, 36,8,-1.000000000000


** cycmpc based on set dep indep
*EQUATION
2
1,11,1.000000000000, 4,11,-1.000000000000
*EQUATION
2
2,11,1.000000000000, 3,11,-1.000000000000
*EQUATION
2
5,11,1.000000000000, 8,11,-1.000000000000
～中略～
*EQUATION
2
27,11,1.000000000000, 28,11,-1.000000000000
*EQUATION
2
33,11,1.000000000000, 34,11,-1.000000000000
*EQUATION
2
35,11,1.000000000000, 36,11,-1.000000000000


** cycmpc based on set dep indep
*EQUATION
3
1,1,1.000000000000, 4,1,-0.980785280403, 4,2,0.195090322016
*EQUATION
3
1,2,1.000000000000, 4,1,-0.195090322016, 4,2,-0.980785280403
*EQUATION
3
2,1,1.000000000000, 3,1,-0.980785280403, 3,2,0.195090322016
～中略～
*EQUATION
3
33,2,1.000000000000, 34,1,-0.195090322016, 34,2,-0.980785280403
```

```
*EQUATION
3
35,1,1.000000000000, 36,1,-0.980785280403, 36,2,0.195090322016
*EQUATION
3
35,2,1.000000000000, 36,1,-0.195090322016, 36,2,-0.980785280403


*NSET,NSET=Nin
34,
36,
*NSET,NSET=Nout
4,
8,
```

マテリアルAIRの物性値を定義しています。DENSITYは密度、FLUID CONSTANTSは順に、一定圧力下の比熱（Specific heat at constant pressure）と粘性係数（Dynamic viscosity）です。3つ目の温度は省略可能です。圧縮性流体解析や熱流体解析の場合は、温度の指定が必要です。紛らわしいですが、動粘性係数（動粘度）は、Kinematic viscosityです。CONDUCTIVITYは熱伝導率です。SPECIFIC GAS CONSTANTは気体定数で、省略されたときはデフォルトの値が採用されます。

リスト14.3: CalculiXのマニュアルより

```
Example:
 *FLUID CONSTANTS
 1.032E9,71.1E-13,100.

 defines the specific heat and dynamic viscosity for air at 100 K
 in a unit system using N, mm, s and K:
 cp = 1.032 × 10^9 mm^2/s^2K
 and μ  = 71.1 × 10^(−13) Ns/mm^2.

100Kの空気の比熱と粘性係数の定義。単位は、N、mm、s、K。比熱cp = 1.032×10^9 [mm^2/s^2K]、粘性係数μ  = 71.1 × 10^(−13) [Ns/mm^2].

※  μの単位の次元が、動粘性係数でなく粘性係数になっているのを確認してください。
※  上付文字が使用できないため、累乗を示す数字が通常のサイズになっているのに注意してください。

Example:
*SPECIFIC GAS CONSTANT
```

```
287.

defines a specific gas constant with a value of 287. This value
is appropriate for air if Joule is chosen for the unit of energy,
kg as unit of mass and K as unit of temperature,
i.e. R = 287 J/(kg K).

気体定数を287として定義している。単位について、エネルギーがJ、質量がkg、温度がKのとき、空気の気体
定数は、R = 287 J/(kg K)です
```

リスト14.4: cousegcomp.inp-2

```
*MATERIAL,NAME=AIR
*FLUID CONSTANTS
1.,1.,1.
*CONDUCTIVITY
1.
*SPECIFIC GAS CONSTANT
0.285714286d0
```

セクションの指定（*SOLID SECTION）。1Dネットワーク要素でなく3Dの要素という意味で、"*SOLID SECTION"なのでしょう。"SOLID"を固体だと思うと、つい"FLUID"と入力したくなります。

絶対零度の定義（*PHYSICAL CONSTANTS,ABSOLUTE ZERO=0.）。ユーザー単位で指定できます。3D流体計算のときは絶対零度だけが必要です。輻射を計算するときは（*PHYSICAL CONSTANTS, ABSOLUTE ZERO=0, STEFAN BOLTZMANN=5.669E-8）のように、ステファン・ボルツマン定数と絶対零度の両方が必要です。他の例題での*.inpファイルでは記載されていないため、省略したときの絶対零度の値はデフォルト値が採用されるのだと思います。

初期値の速度の指定（*INITIAL CONDITIONS）。各行の"**"は説明用に追記したもので、そのように*.inpの内容を記載しても動作しないかもしれません。

非定常圧縮性層流の流体計算（*STEP,INCF=2000,SHOCK SMOOTHING=0.005）。INCFはインクリメント最大値。**SHOCK SMOOTHINGは圧縮性のときに必要**です。

リスト14.5: SHOCK SMOOTHINGの説明

```
計算中に衝撃波を平滑する係数で、0.0から2.0の間の値を取り、デフォルトは0.0です。係数の値が小さい
と、計算結果がシャープになり計算精度が向上します。係数の値が大きいと、発散しにくくなりますが、計
算結果が鈍り計算精度が低下します。計算が収束しないと、このパラメータの値は、前の値がゼロの場合は
0.001に、それ以外の値のときは2倍の値に自動的に増やされて、(場合によっては複数回) 計算が繰り返され
ます。したがって、最初は係数の値をゼロ (デフォルト) にして計算を行ない、収束性が悪いときは徐々に値
を大きくしていくのが良いでしょう。
```

定常**圧縮性**層流の流体計算（*CFD,STEADY STATE,COMPRESSIBLE）。パラメータSTEADY STATEが記載されているため定常計算となります。パラメータCOMPRESSIBLEが記載されているため、圧縮性になります。パラメータTURBULENCEMODELが記載されていないため、（デフォルトの）層流モデルでの計算になります。２行目は、順に、初期時間インクリメント、ステップの時間間隔（デフォルトは1）、許容最小時間インクリメント、許容最大時間インクリメント、CFD問題のセーフティファクターです。省略されているときはデフォルト値が採用されます。

表14.1: パラメータの説明

２行目のパラメータ	説明
初期時間インクリメント	デフォルトは1。１行目のパラメーターにDIRECTが指定されていない場合、計算途中で、この値は自動インクリメントによって変更されます。パラメーターDIRECTの指定の有無に関わらず、最初のインクリメントは指定した値となります。
ステップの時間間隔	デフォルトは1。計算終了までの時間です。
許容最小時間インクリメント	DIRECTが指定されていない場合のみ有効。デフォルトは、初期時間インクリメントまたはステップの時間間隔の1.e-5倍のうちのどちらか小さいほう。
許容最大時間インクリメント	デフォルトは1.e+30。DIRECTが指定されていない場合のみ有効。
セーフティファクター	デフォルトは1.25。ユーザーが指定する場合はこれより大きな値にしてください。時間増分を除算する、対流特性と拡散特性に基づいて計算された安全係数。

リスト14.6: cousegcomp.inp-3

```
*SOLID SECTION,ELSET=Eall,MATERIAL=AIR
*PHYSICAL CONSTANTS,ABSOLUTE ZERO=0.
*INITIAL CONDITIONS,TYPE=PRESSURE
Nall,1.                  ** 圧力 = 1.
*INITIAL CONDITIONS,TYPE=FLUID VELOCITY
Nall,1,0.                ** X方向の速度成分 = 0.
Nall,2,0.                ** Y方向の速度成分 = 0.
Nall,3,0.                ** Z方向の速度成分 = 0.
*INITIAL CONDITIONS,TYPE=TEMPERATURE
Nall,1.                  ** 温度 = 1.
*NSET,NSET=Nrad          ** ノードセットNradの設定
36,28,20,7,8
*STEP,INCF=2000,SHOCK SMOOTHING=0.005
*CFD,STEADY STATE,COMPRESSIBLE
```

境界条件の指定（*BOUNDARY）。各行の"**"は説明用に追記したもので、そのように*.inpの内容

を記載しても動作しないかもしれません。

出力の指定（*NODE PRINT、*NODE fileなど）。前述の説明の通り。ノードセットNradの使い道は無さそうです。

リスト14.7: cousegcomp.inp-4

```
*BOUNDARY
Nall,3,3,0.       ** Z方向の速度成分 = 0.
34,1,1,0.3902     ** X方向の速度成分 = 0.3902
36,1,1,0.3902
34,2,2,1.9616     ** Y方向の速度成分 = 1.9616
36,2,2,1.9616
4,1,1,0.1951      ** X方向の速度成分 = 0.1951
8,1,1,0.1951
4,2,2,0.9808      ** Y方向の速度成分 = 0.9808
8,2,2,0.9808
Nin,8,8,1.        ** 圧力 = 1.(流体解析のみ)
Nin,11,11,1.      ** 温度 = 1.
Nout,11,11,1.
*NODE PRINT,FREQUENCYF=2000,NSET=Nrad
VF,PSF,TSF        ** それぞれ、流速、静圧、静温。
** ------ Addition ------
*NODE file
VF,PSF,TSF        ** それぞれ、流速、静圧、静温。
** ------ Addition ------(end)
*END STEP
```

著者紹介

小南 秀彰（こみなみ ひであき）

サークル「Sagittarius_Chiron」代表。オープンCAE研究会@静岡の幹事。もともとCAE（Computer Aided Engineering）には縁のなかった現場付きのプラントエンジニアだったが、乱読と独学によりオープンソースのCAE（Computer Aided Engineering）を始めたのちは趣味がCAEになっている。

◎本書スタッフ
アートディレクター/装丁：岡田章志＋GY
編集協力：深水央
ディレクター：栗原 翔
〈表紙イラスト〉
フキタトキト
美大卒業後ゲーム会社で勤務していて現在はフリーランスのイラストレーターに転身
お仕事としては美少女や背景のものが多いですが本当は獣医や動物の研究職になりたかった経緯もあり動物書くのが一番好きなので趣味でこそこそ書いております、特に馬と猛禽類と恐竜がお気に入り。

技術の泉シリーズ・刊行によせて

技術者の知見のアウトプットである技術同人誌は、急速に認知度を高めています。インプレス NextPublishingは国内最大級の即売会「技術書典」（https://techbookfest.org/）で頒布された技術同人誌を底本とした商業書籍を2016年より刊行し、これらを中心とした『技術書典シリーズ』を展開してきました。2019年4月、より幅広い技術同人誌を対象とし、最新の知見を発信するために『技術の泉シリーズ』へリニューアルしました。今後は「技術書典」をはじめとした各種即売会や、勉強会・LT会などで頒布された技術同人誌を底本とした商業書籍を刊行し、技術同人誌の普及と発展に貢献することを目指します。エンジニアの“知の結晶”である技術同人誌の世界に、より多くの方が触れていただくきっかけになれば幸いです。

インプレス NextPublishing
技術の泉シリーズ　編集長　山城 敬

●お断り

掲載したURLは2024年10月1日現在のものです。サイトの都合で変更されることがあります。また、電子版ではURLにハイパーリンクを設定していますが、端末やビューアー、リンク先のファイルタイプによっては表示されないことがあります。あらかじめご了承ください。

●本書の内容についてのお問い合わせ先

株式会社インプレス
インプレス NextPublishing　メール窓口
np-info@impress.co.jp
お問い合わせの際は、書名、ISBN、お名前、お電話番号、メールアドレス に加えて、「該当するページ」と「具体的なご質問内容」「お使いの動作環境」を必ずご明記ください。なお、本書の範囲を超えるご質問にはお答えできないのでご了承ください。
電話やFAXでのご質問には対応しておりません。また、封書でのお問い合わせは回答までに日数をいただく場合があります。あらかじめご了承ください。

■読者の窓口
インプレスカスタマーセンター
〒 101-0051
東京都千代田区神田神保町一丁目 105番地
info@impress.co.jp

技術の泉シリーズ
CAEソフト CalculiX深掘り実践入門
流体解析機能ガイド

2024年11月15日　初版発行Ver.1.0（PDF版）

著　者　小南 秀彰
編集人　山城 敬
企画・編集　合同会社技術の泉出版
発行人　高橋 隆志
発　行　インプレス NextPublishing
〒101-0051
東京都千代田区神田神保町一丁目105番地
https://nextpublishing.jp/
販　売　株式会社インプレス
〒101-0051　東京都千代田区神田神保町一丁目105番地

印刷・製本　京葉流通倉庫株式会社
Printed in Japan

ISBN978-4-295-60341-2